普通高等教育“十一五”国家级规划教材

工程制图基础习题集

第4版

华中农业大学等六院校《工程制图基础》编写组　编

李勇峰　翟　彤　游险峰　主　编
杜　俊　刘羽祚　王小玲　副主编

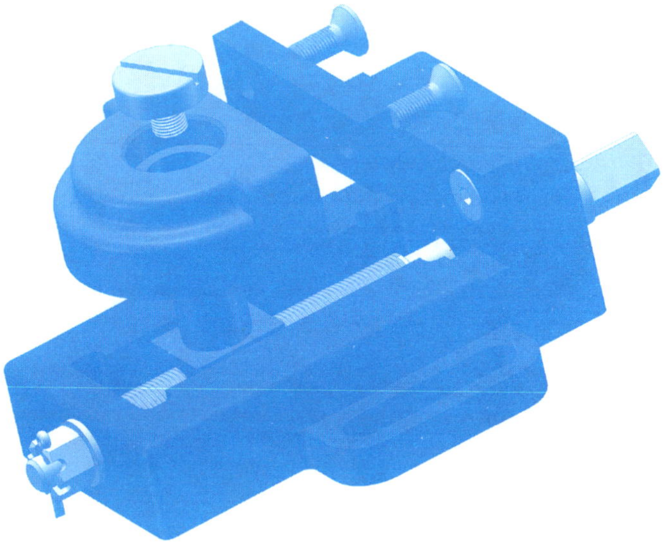

中国教育出版传媒集团
高等教育出版社·北京

内容提要

本习题集与华中农业大学等六院校《工程制图基础》编写组编，夏俊芳、吴保群、余志伟主编的《工程制图基础》(第4版)配套使用。本套教材为普通高等教育“十一五”国家级规划教材。

本习题集是在第3版的基础上，听取了有关院校师生的意见，针对第3版中的不足之处进行了修改与完善。本习题集在章节编排次序上与主教材体系基本一致，主要内容有制图的基本知识、基本体的投影、组合体画法、组合体读图、机件形状表达方法、标准件和常用件、零件图和装配图等。为便于教师授课及学生自学，本习题集部分习题配有三维模型及习题答案，可扫描相关二维码或登录 https://abooks.hep.com.cn/64808 查看。

本习题集可供高等学校工科和应用理科类本科各专业使用，亦可供职业院校等其他类型学校相关专业使用。

图书在版编目（CIP）数据

工程制图基础习题集 / 李勇峰，翟彤，游险峰主编；杜俊，刘羽祚，王小玲副主编．--4版．--北京：高等教育出版社，2025．7．-- ISBN 978-7-04-064808-9

Ⅰ．TB23-44

中国国家版本馆 CIP 数据核字第 2025S7Z208 号

Gongcheng Zhitu Jichu Xitiji

策划编辑 李文婷　责任编辑 李文婷　封面设计 马天驰　版式设计 董思含 于 婕
责任绘图 杨伟露　责任校对 刘丽娴　责任印制 刁 毅

出版发行 高等教育出版社
社　　址 北京市西城区德外大街4号
邮政编码 100120
印　　刷 涿州市京南印刷厂
开　　本 787mm×1092mm 1/16
印　　张 6
字　　数 100千字
插　　页 3
购书热线 010-58581118
咨询电话 400-810-0598
网　　址 http://www.hep.edu.cn
　　　　 http://www.hep.com.cn
网上订购 http://www.hepmall.com.cn
　　　　 http://www.hepmall.com
　　　　 http://www.hepmall.cn
版　　次 2003年7月第1版
　　　　 2025年7月第4版
印　　次 2025年7月第1次印刷
定　　价 17.00元

物 料 号 64808-00

第 4 版前言

本习题集是在第 3 版的基础上，根据教育部高等学校工程图学课程教学指导分委员会 2019 年制定的《高等学校工程图学课程教学基本要求》及最新发布的有关制图国家标准，并结合使用院校的意见及建议修订而成的。

本习题集与华中农业大学等六院校《工程制图基础》编写组编，夏俊芳、吴保群、余志伟主编的《工程制图基础》（第 4 版）配套使用。本习题集自第 1 版 2003 年出版以来已多次印刷，为提高学生的多种绘图能力，本习题集配合教材，根据需要让学生采用尺规、计算机、徒手三种绘图方法完成作业。本次修订听取了有关院校师生的使用意见，习题集的编排次序与编写要求同第 3 版一致。为方便学生理解并巩固所学知识，本版提供了部分习题三维模型且给出了习题答案，可扫描相关二维码或登录新形态教材网查看。注意：请务必在做完作业之后再查对答案，当一题多解题的答案与提供的答案有差异时，可与任课教师商讨。

参加本习题集编写的院校有华中农业大学、武汉纺织大学、武汉轻工大学、武汉理工大学、江汉大学，本习题集由李勇峰、翟彤、游险峰任主编，由杜俊、刘羽祚、王小玲任副主编。

武汉理工大学李爱华教授和万勇副教授审阅了本习题集，并提出了很多宝贵的意见，在此致以深深的谢意。

限于作者水平，本习题集难免存在不完善之处，敬请同行专家和广大读者批评指正，联系邮箱：xjf@mail.hzau.edu.cn。

编　者

2024 年 9 月于武汉

目　　录

1-1 标注下列各平面图形的尺寸（尺寸数值按1:1的比例在图中量取并取整数，用尺规或用计算机标注尺寸均可）。

(1)

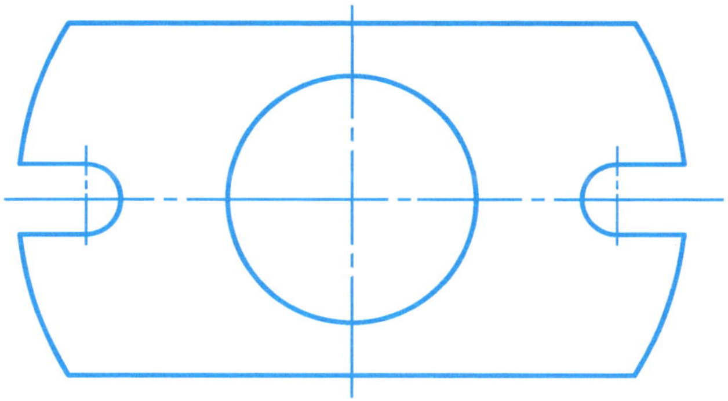

(3)

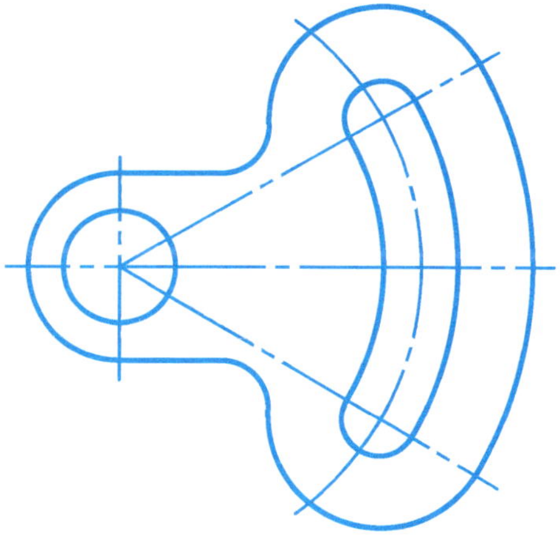

(2)

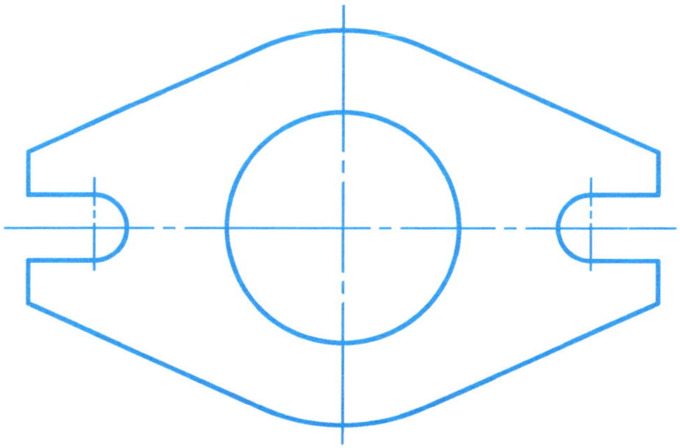

(4)

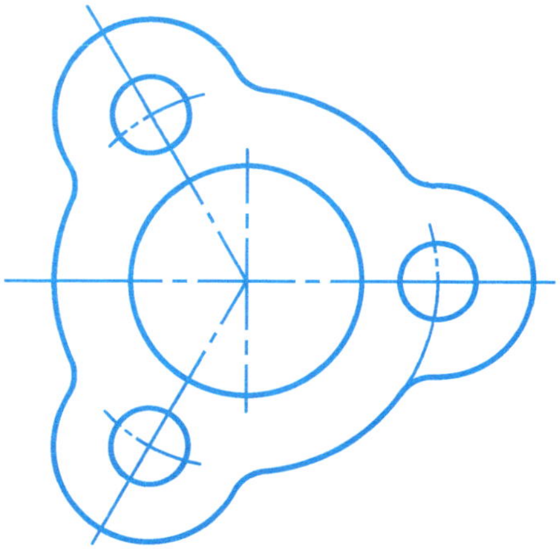

专业班级＿＿＿＿＿＿　姓名＿＿＿＿＿＿

1-2 参照教材图1-27绘制线段的连接图，按 1∶1的比例在A3图纸上用尺规作图，或用计算机绘图。

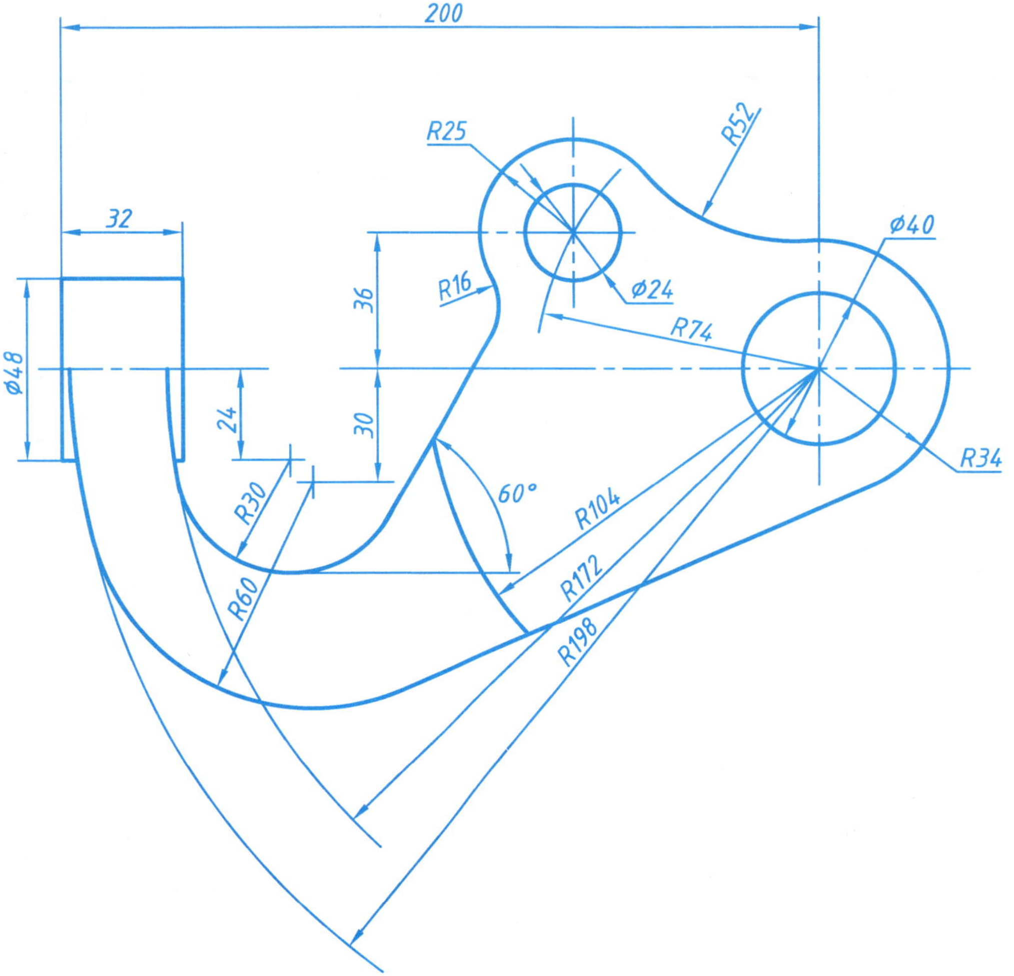

专业班级＿＿＿＿＿＿　姓名＿＿＿＿＿＿

2-1 根据物体的立体图画三视图(用尺规或计算机绘图)。

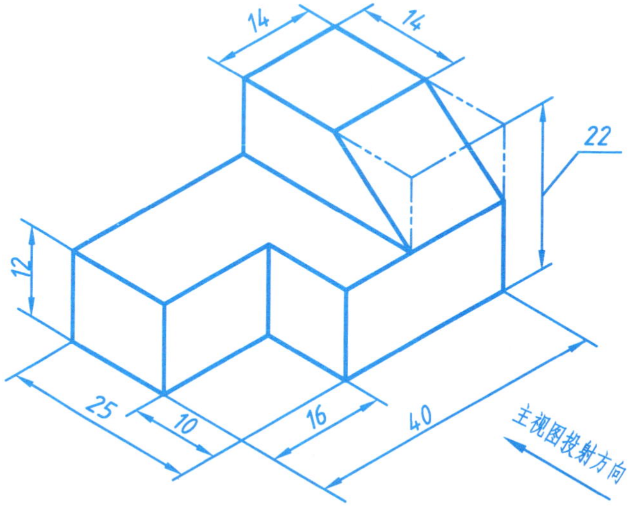

2-2 参照物体的轴测图和已知视图，补画第三视图（细虚线要画出）。

(1)

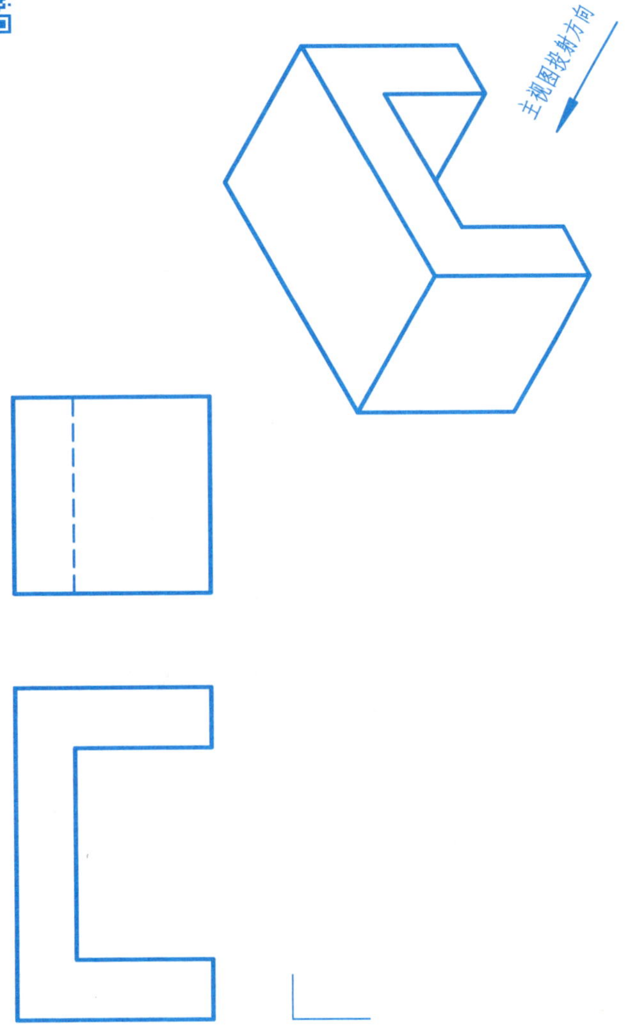

(2)

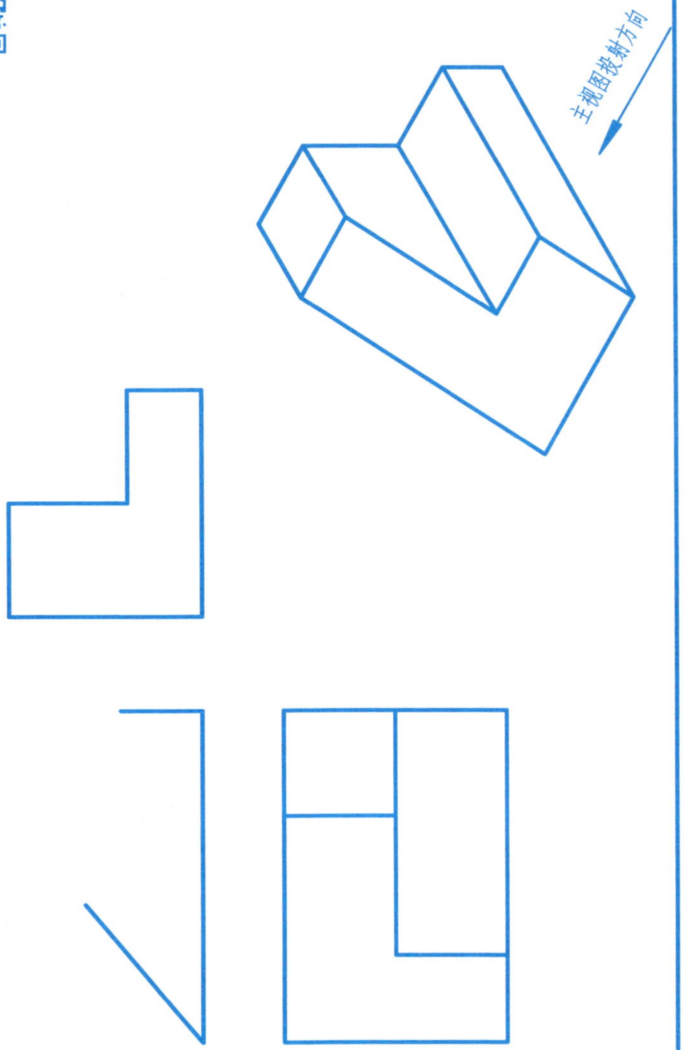

专业班级__________ 姓名__________

2-2（续）

(3)

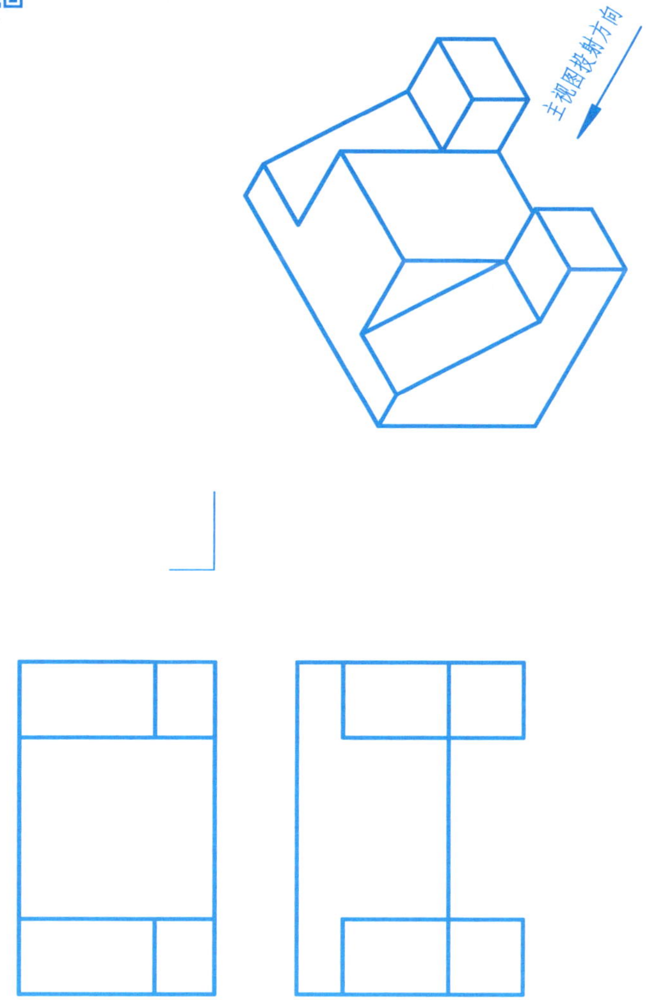

(4)

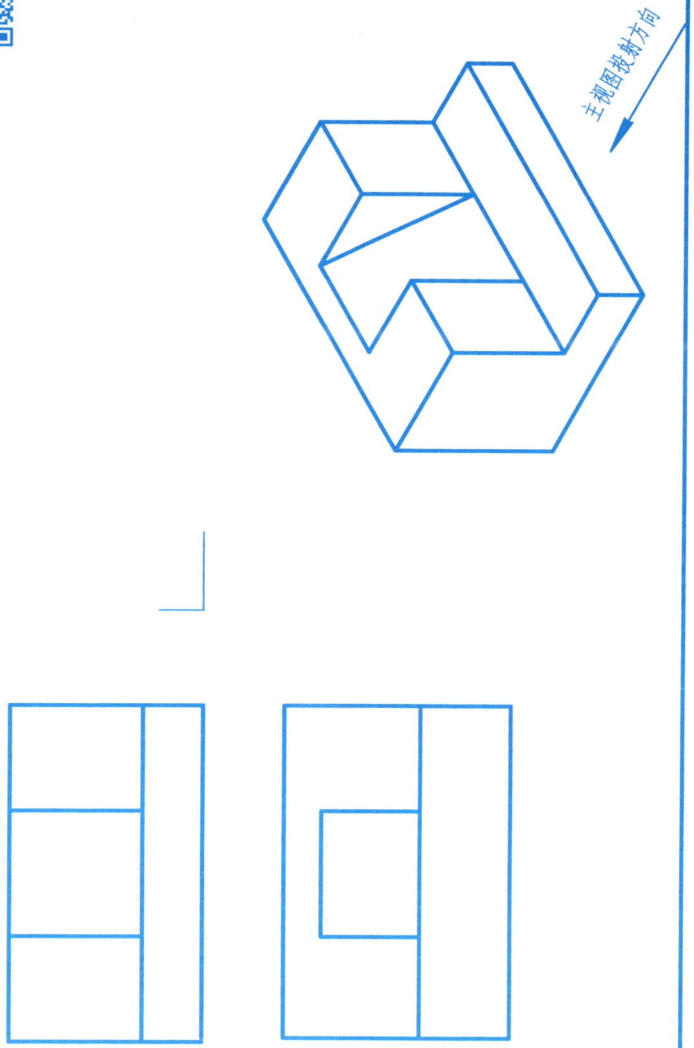

2-3 读懂本题所示物体的三视图，找出相应的轴测图，并在其下方填写相应的编号。

(1)

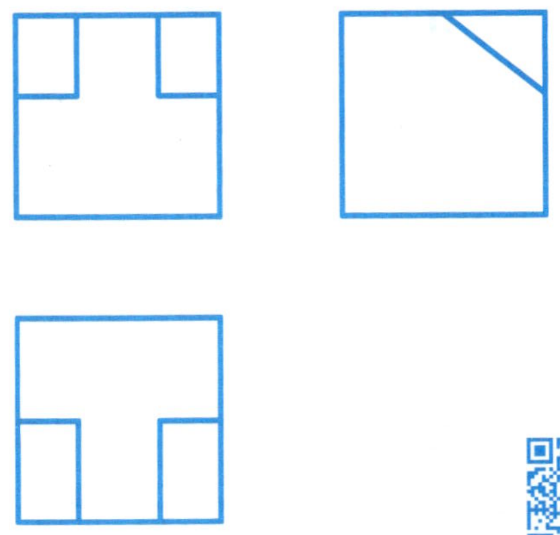

(3)

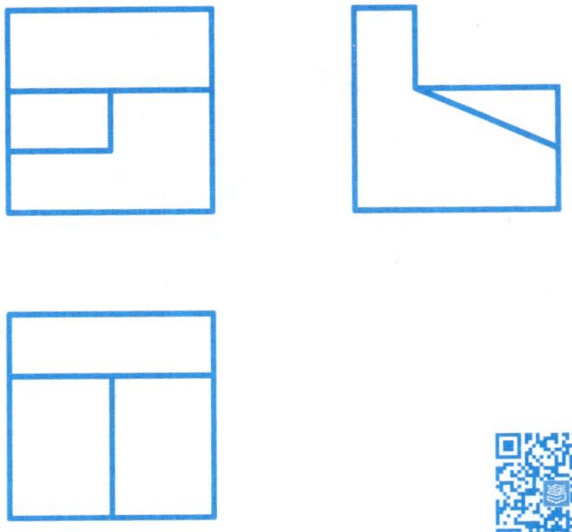

(2)

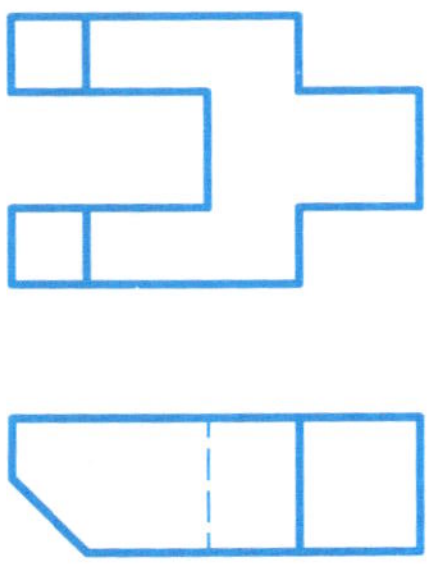

(4)

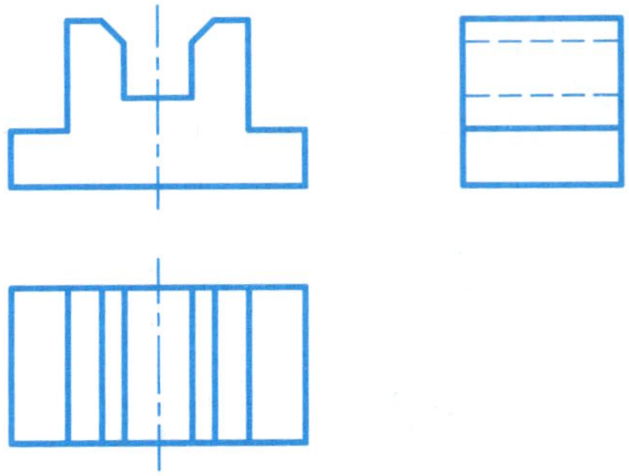

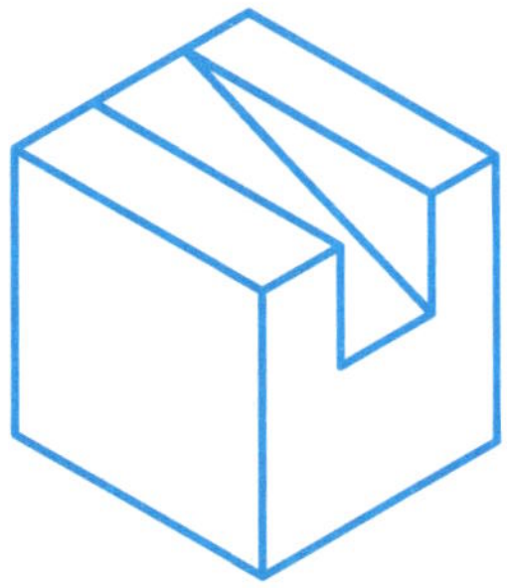

(　　)

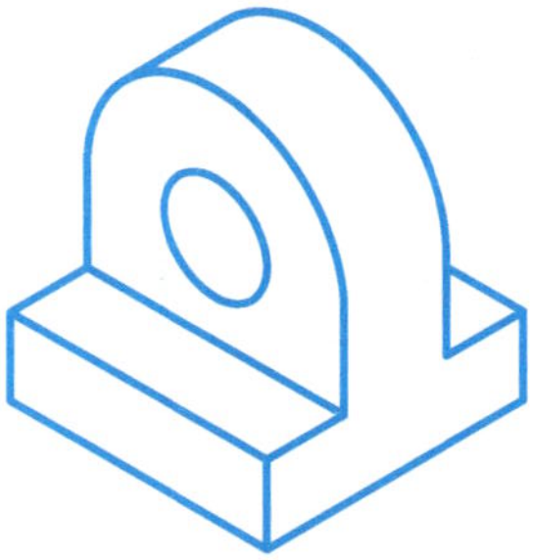

(　　)

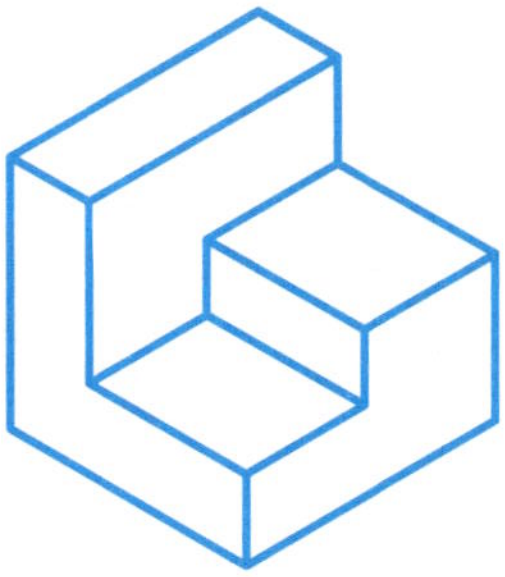

(　　)

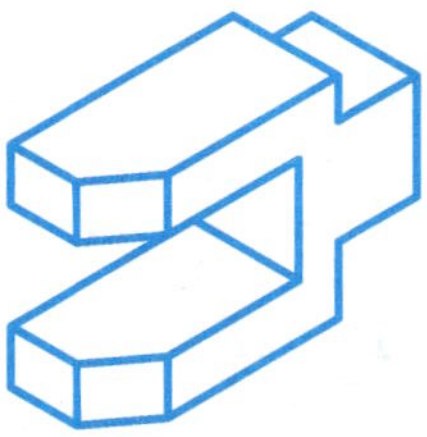

(　　)

专业班级________ 姓名________

2-3(续)

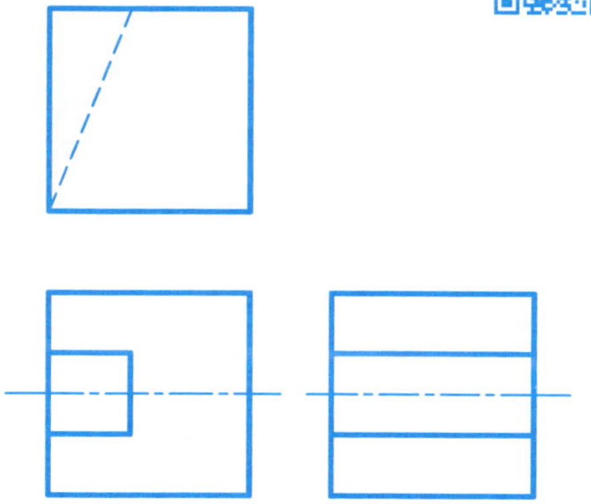

(7)

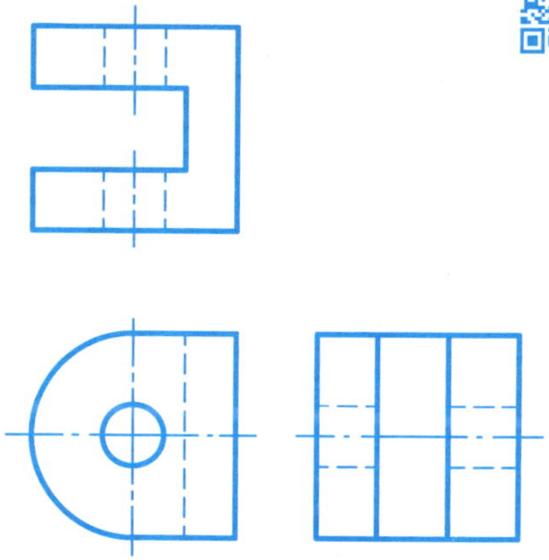

(8)

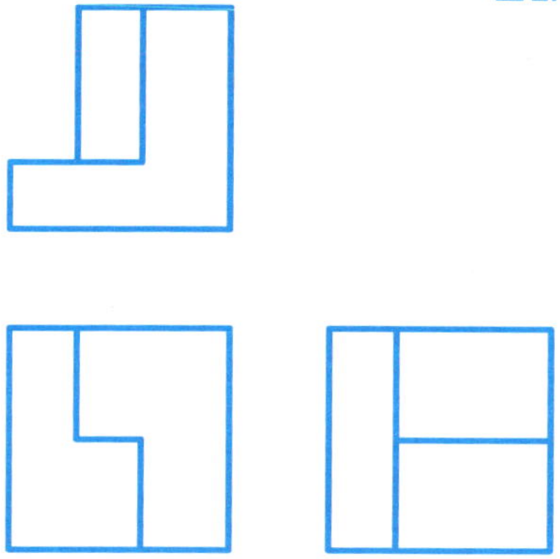

(5)

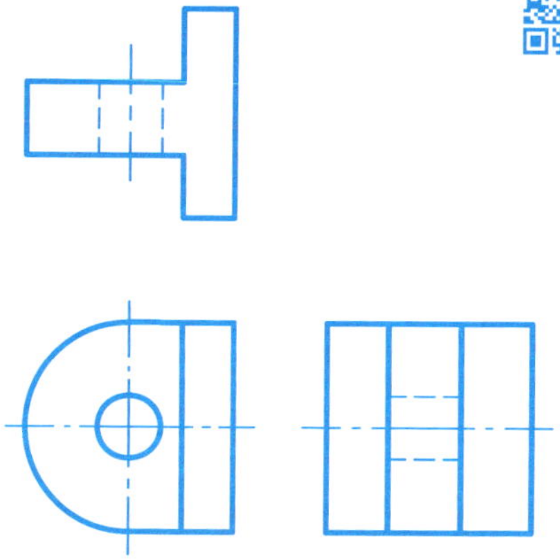

(6)

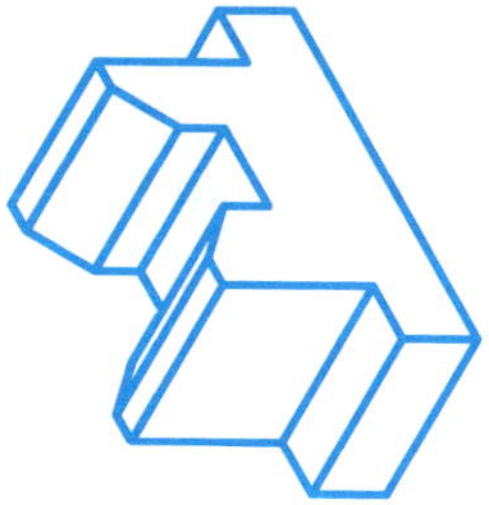

( )

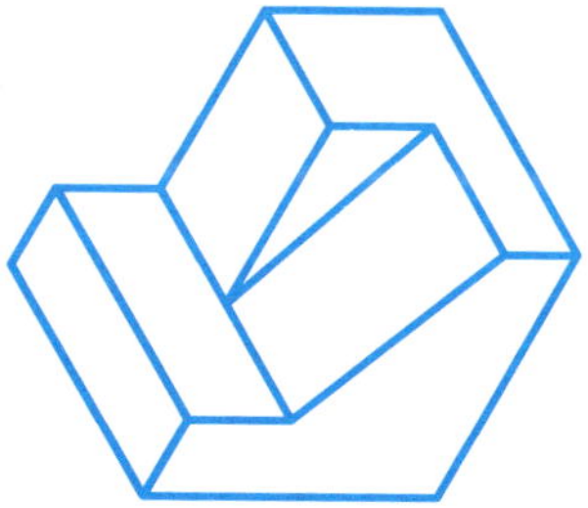

( )

( )

( )

( )

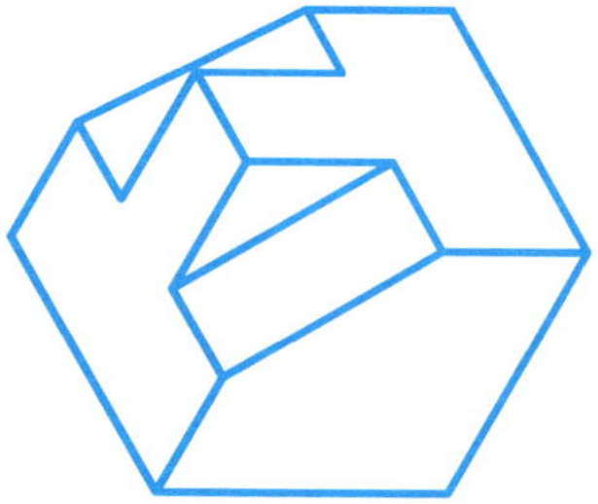

( )

( )

2-4 根据物体一个视图上所标平面的字母，标出该平面在其余两个视图和立体图上的相应字母，并比较它们的相对位置。

(1)

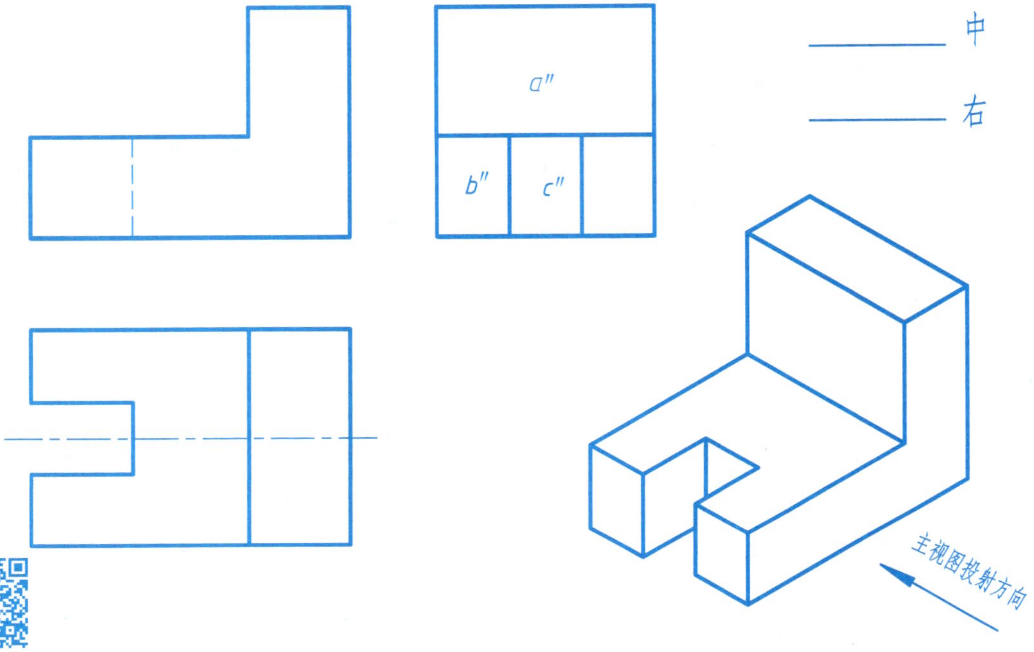

______ 左
______ 中
______ 右

(2)

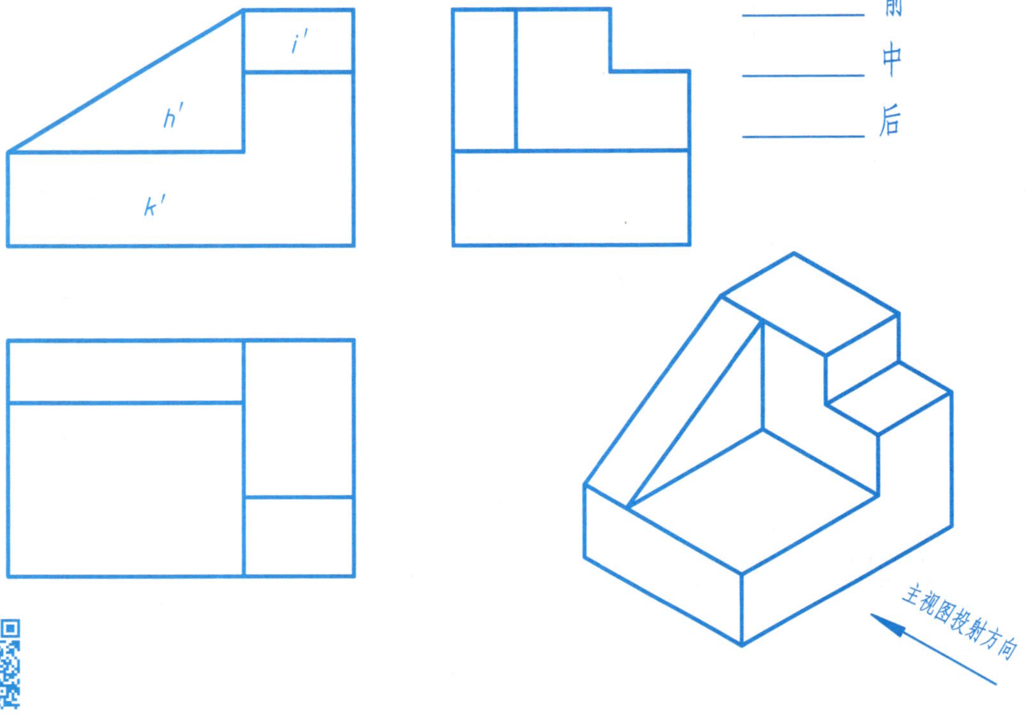

______ 前
______ 中
______ 后

2-4（续）

(3)

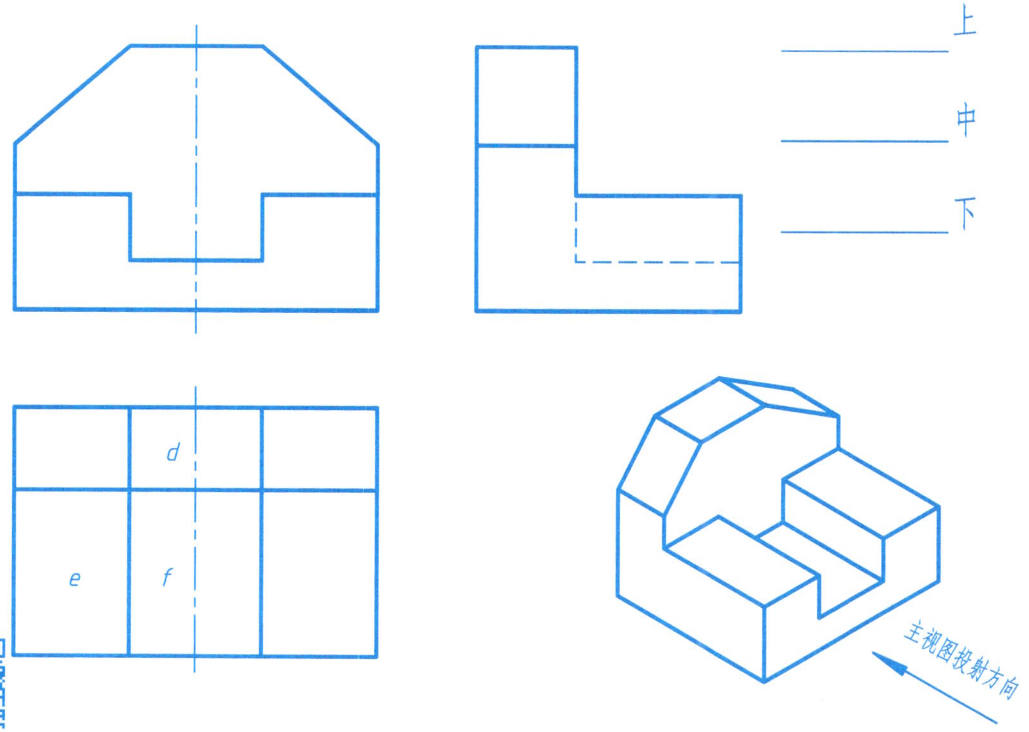

(4)

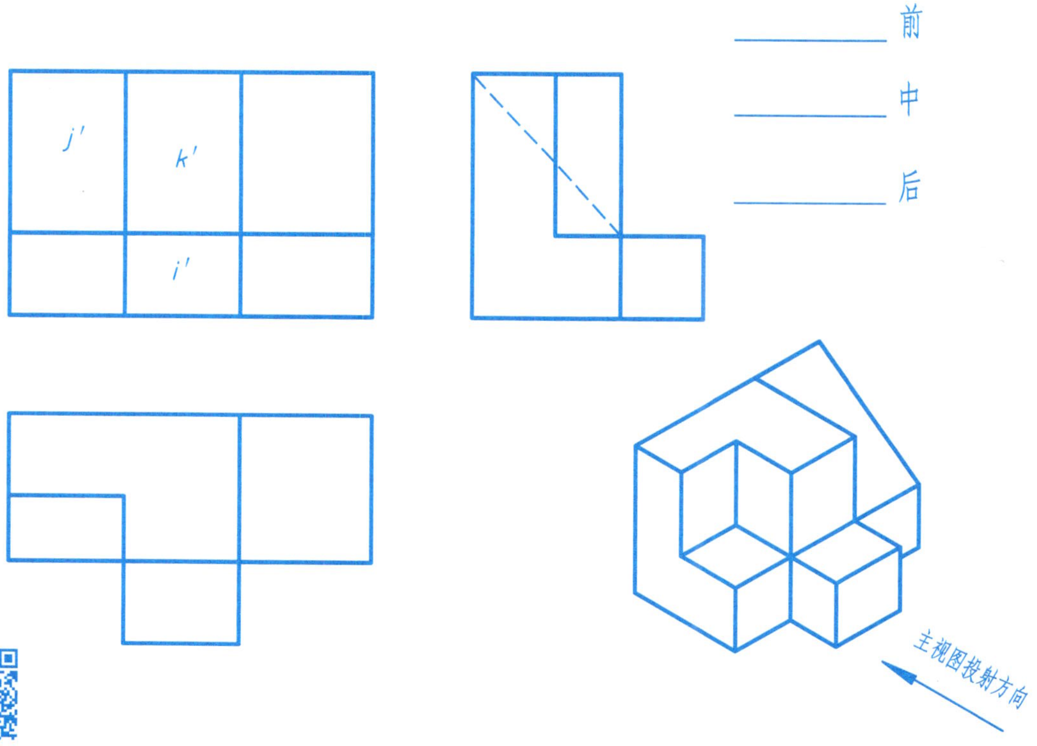

2-5 点的投影。

(1)已知A、B、C三点的两面投影，画出它们的第三面投影。

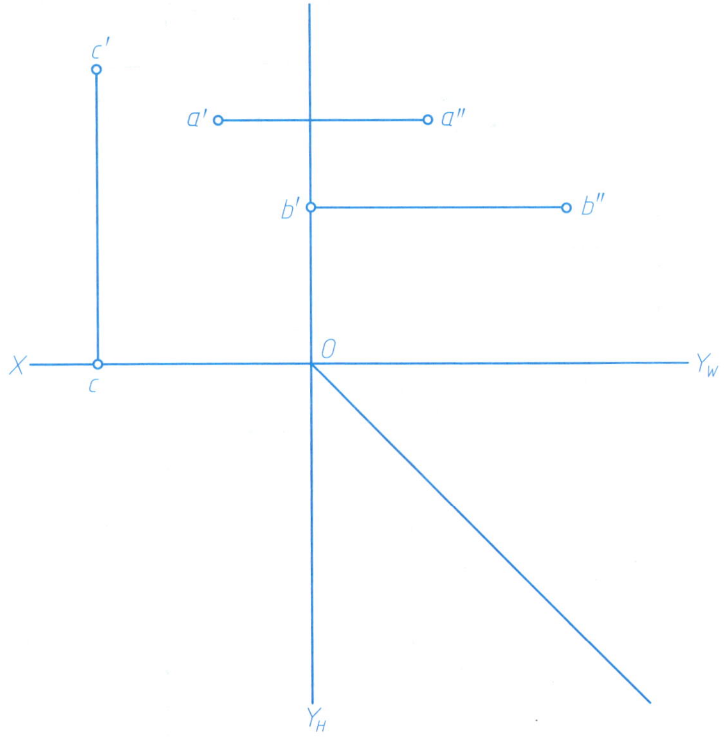

*(2) 已知点A的三面投影，点B在点A正前方 15 mm，点C在点A正右方 10 mm，点D在点A正上方20 mm，求点B、C、D的三面投影(不可见的投影加上括号)。

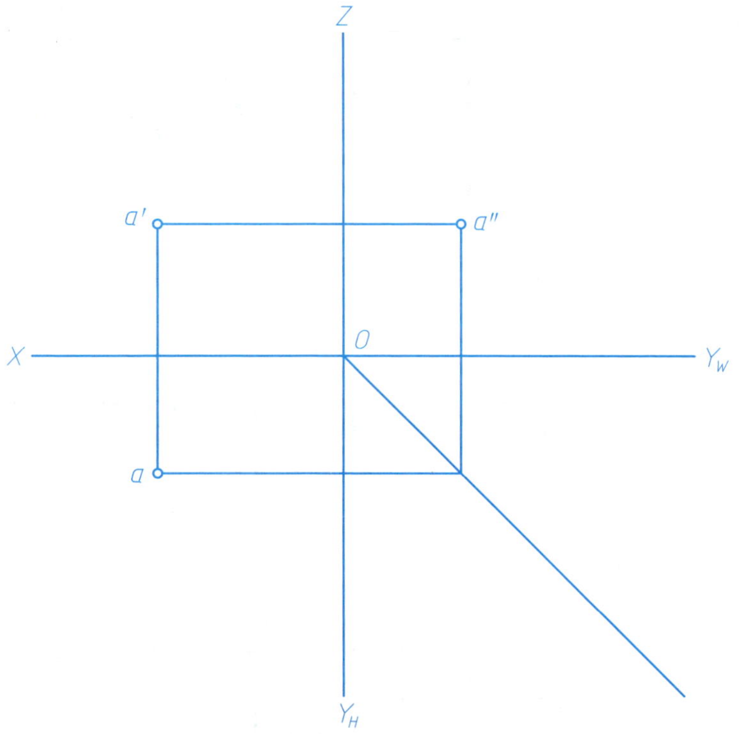

专业班级__________ 姓名__________

2-6 直线的投影。

(1) 已知线段 AB 和 CD 的两面投影，画出它们的第三面投影，并判断它们对投影面的相对位置，将其名称填写在下面空格内。

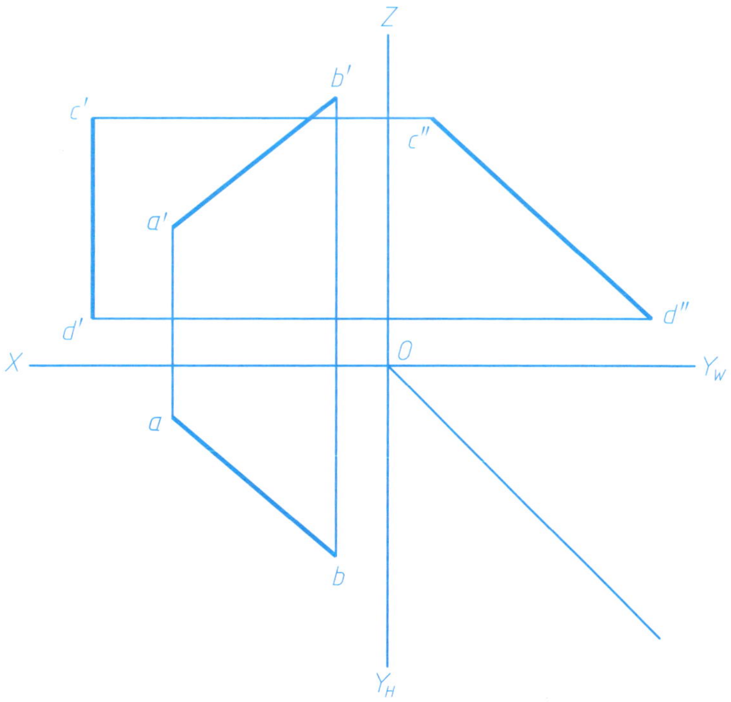

AB 为______线；CD 为______线。

(2) 判断下列直线对投影面的相对位置，并将其名称填写在下面空格内。

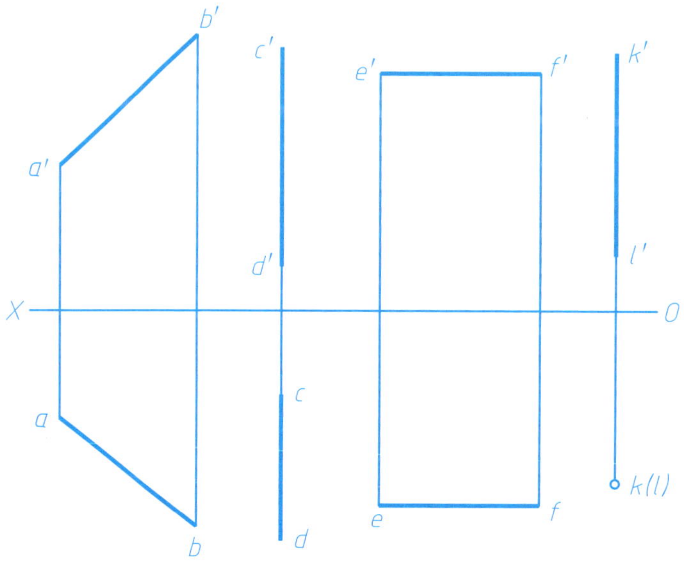

AB 为______线；CD 为______线；

EF 为______线；KL 为______线。

2-7 根据平面的两面投影，画出其第三面投影。判断该平面是何种位置平面，并将其名称填写在下面空格内。

(1)

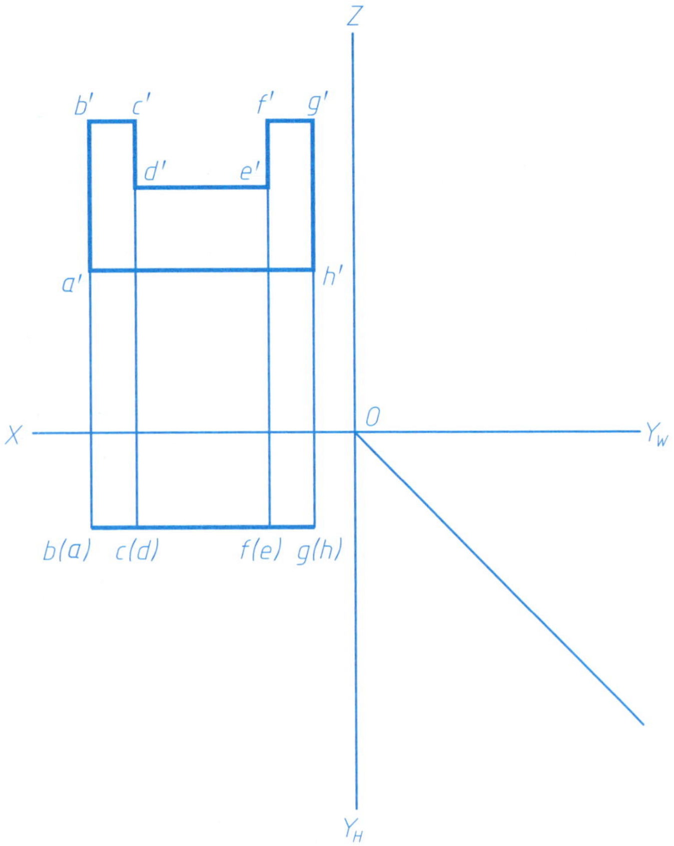

多边形 *ABCDEFGH* 面是________面。

(2)

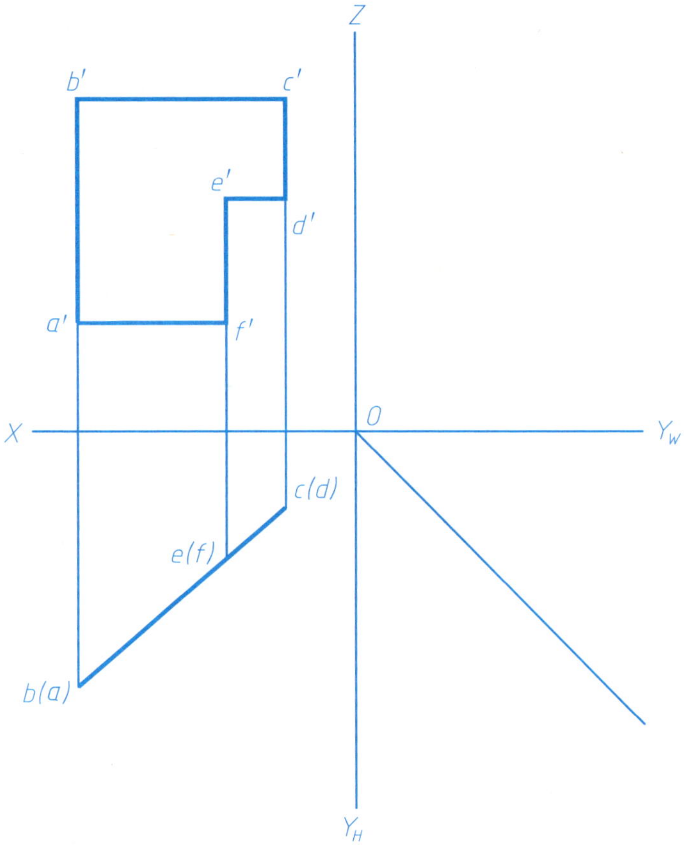

多边形 *ABCDEF* 面是________面。

专业班级__________ 姓名__________

2-8 根据物体三视图上各直线的投影，说明其属于何种位置直线，将其名称填写在下面空格内，并在立体图上用大写字母标出各直线的位置。

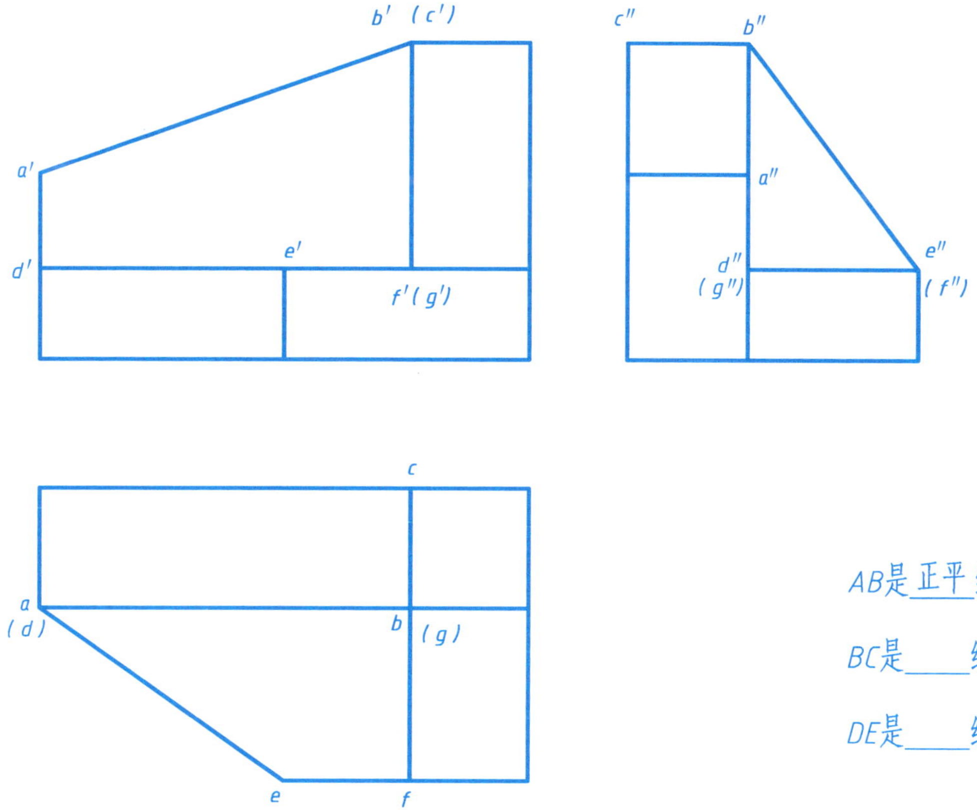

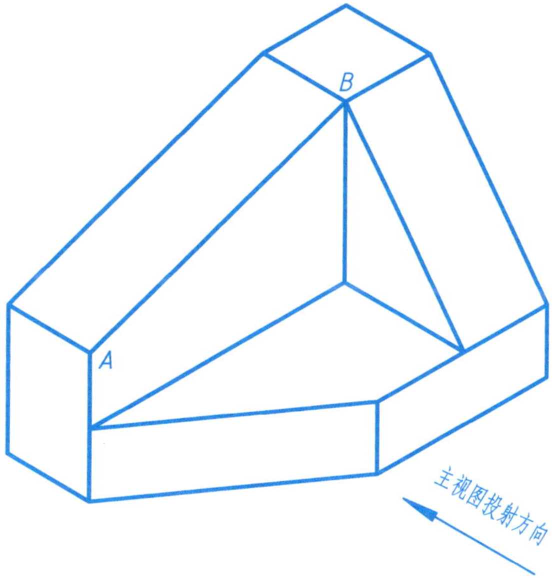

AB是正平线；　　EF是____线；

BC是____线；　　BF是____线；

DE是____线；　　BG是____线。

2-9 根据轴测图找出对应的三视图，将立体图的号码写在对应视图的括号内(没有对应轴测图的视图不填)，并补全视图中所缺的图线。

(1)

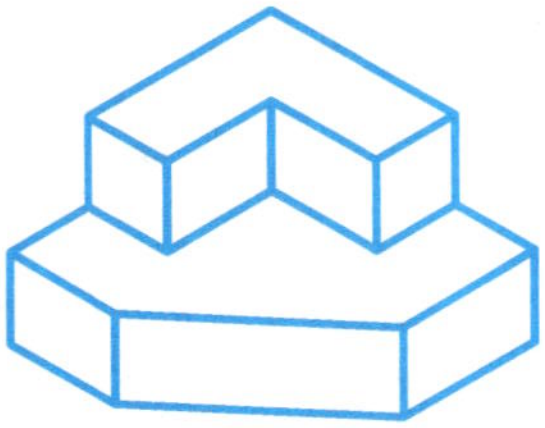

(2)

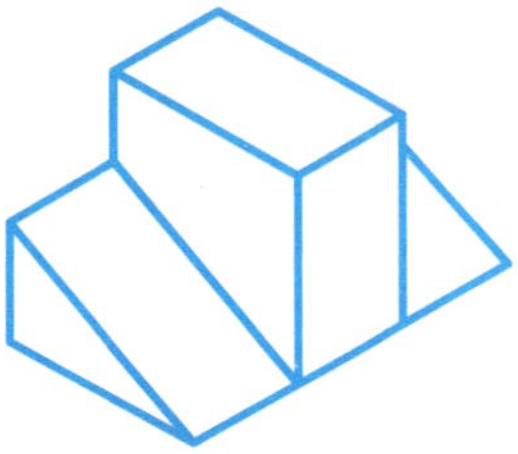

(3)

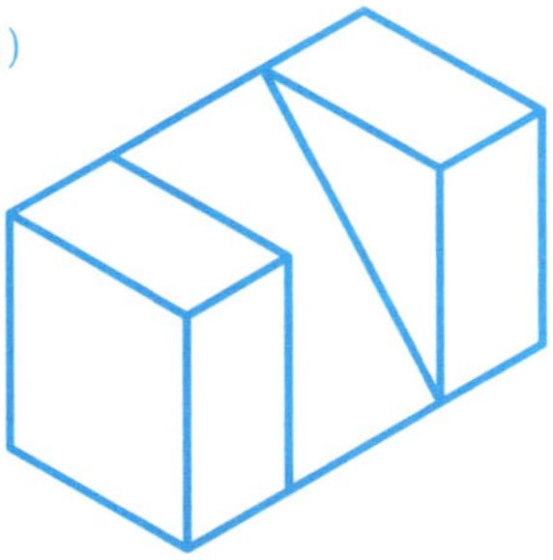

(4)

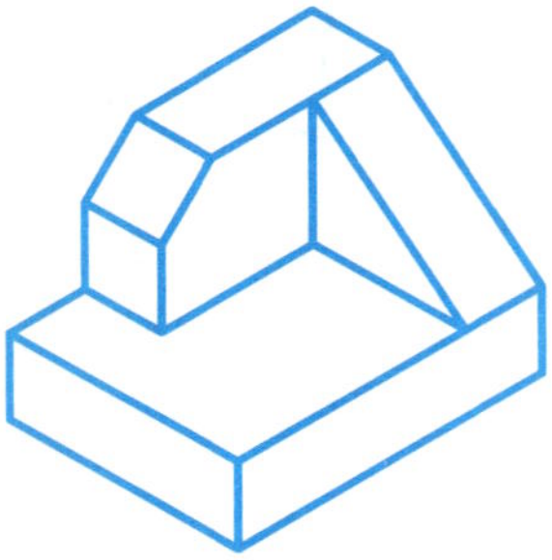

(5)

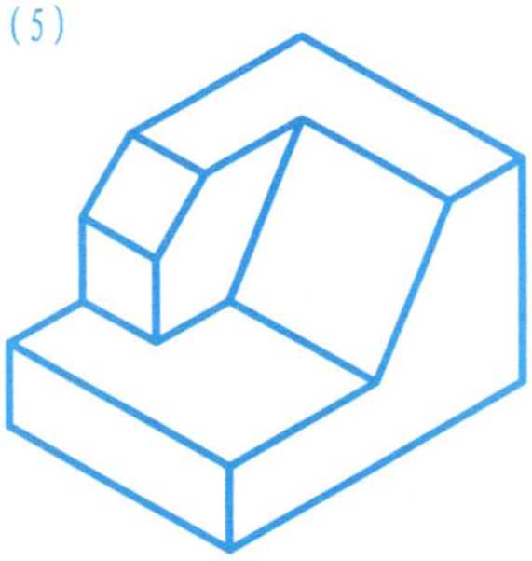

(6)

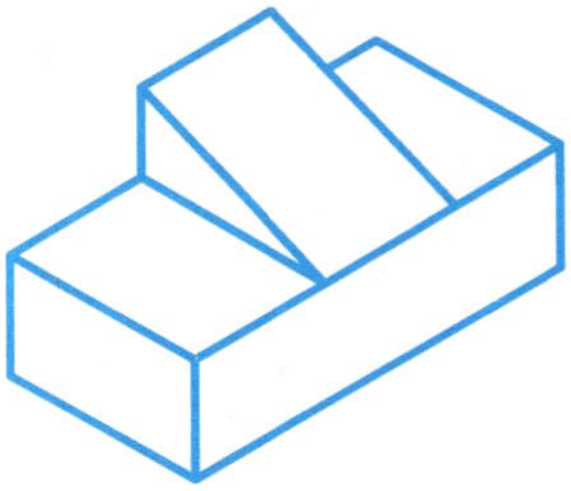

(7)

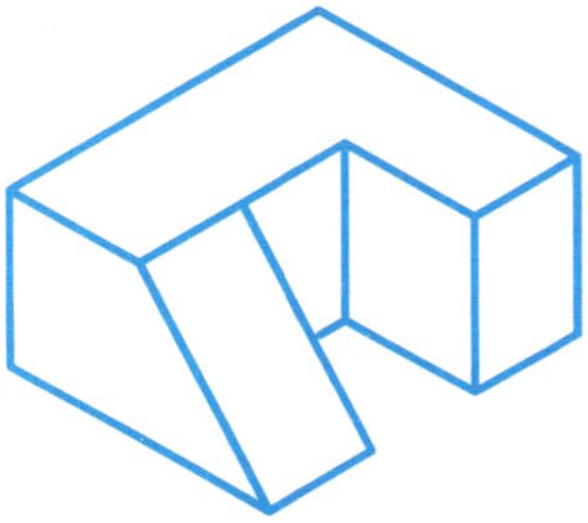

(8)

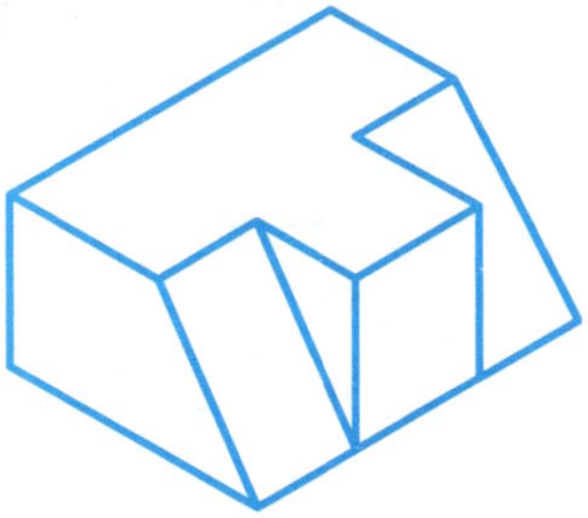

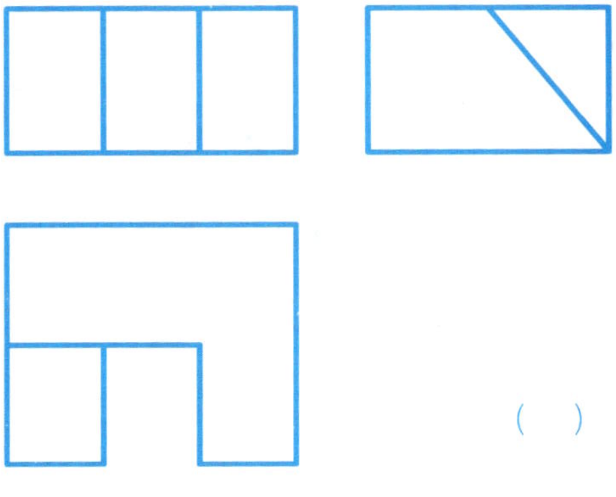

(　)

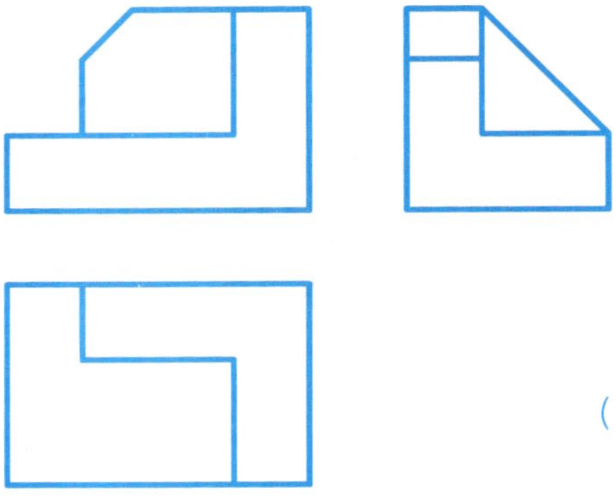

(　)

专业班级＿＿＿＿＿　姓名＿＿＿＿＿

2-9（续）

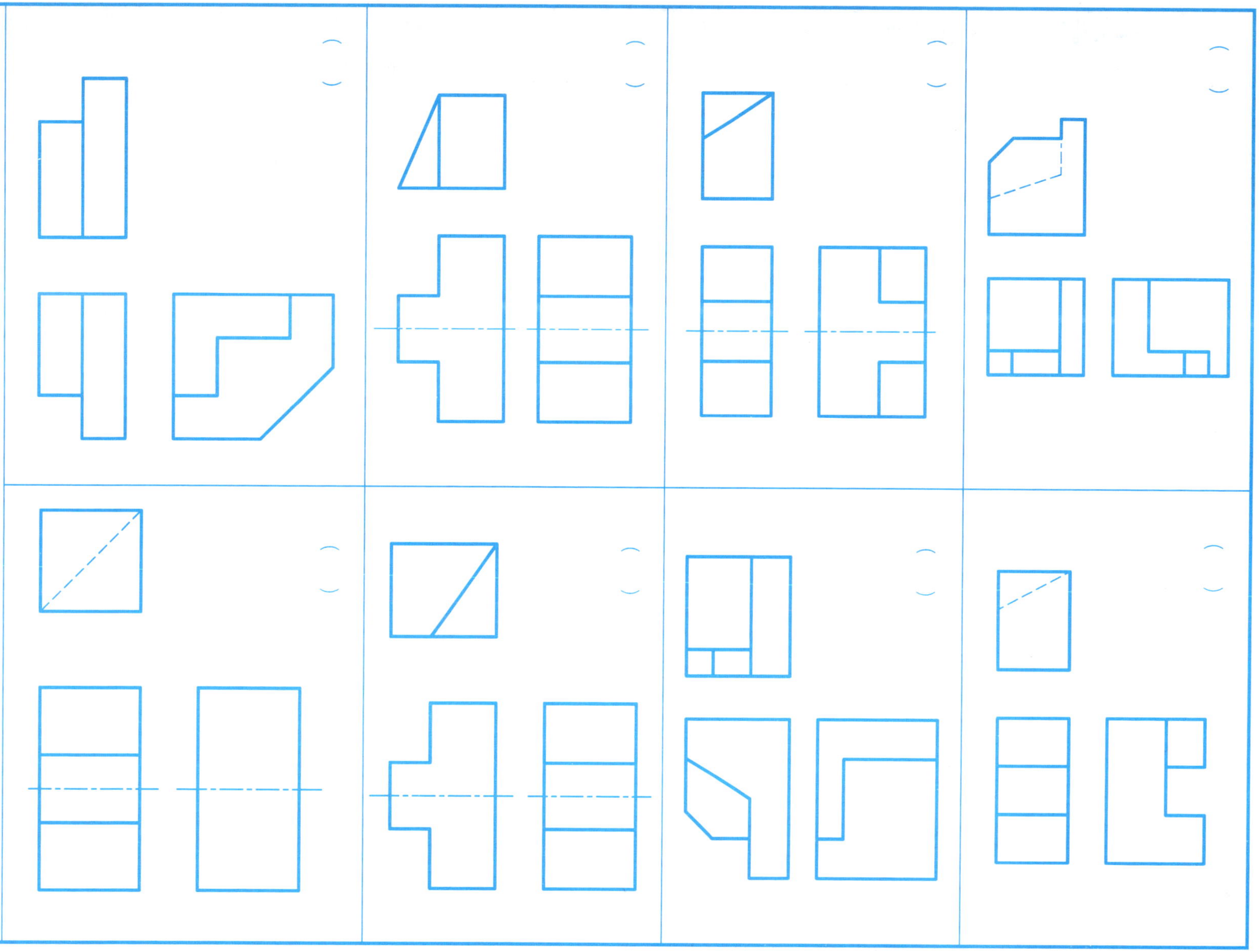

2-10 已知半圆柱的俯视图，其高度为50 mm，补画主、左视图，并完成半圆柱上点A和B的投影。

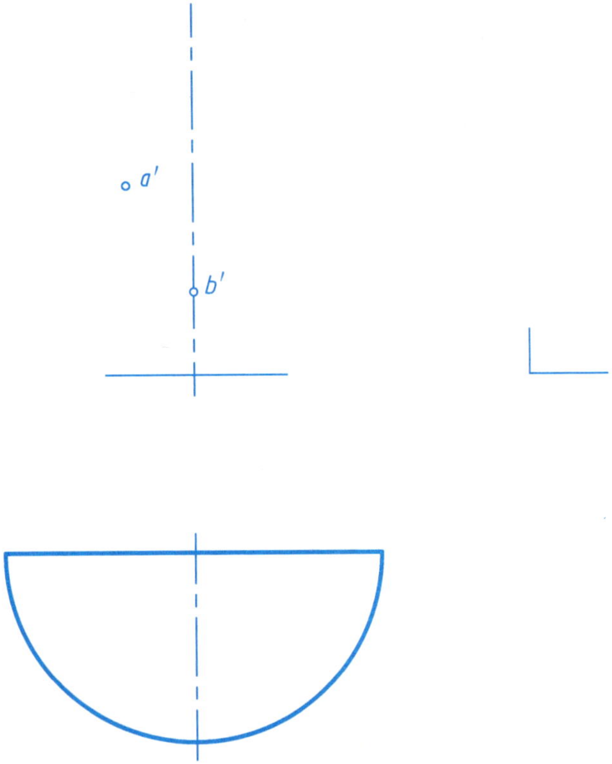

2-11 已知四分之一圆台的左视图，其长度为50 mm，补画主、俯视图，并完成四分之一圆台上线段CD的投影。

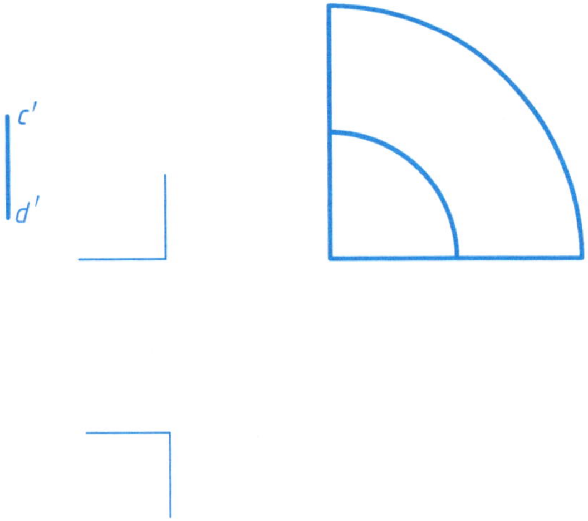

专业班级__________ 姓名__________

2-12 已知半球的主视图及其半径大小，补画俯、左视图，并完成球上线段EF的投影。

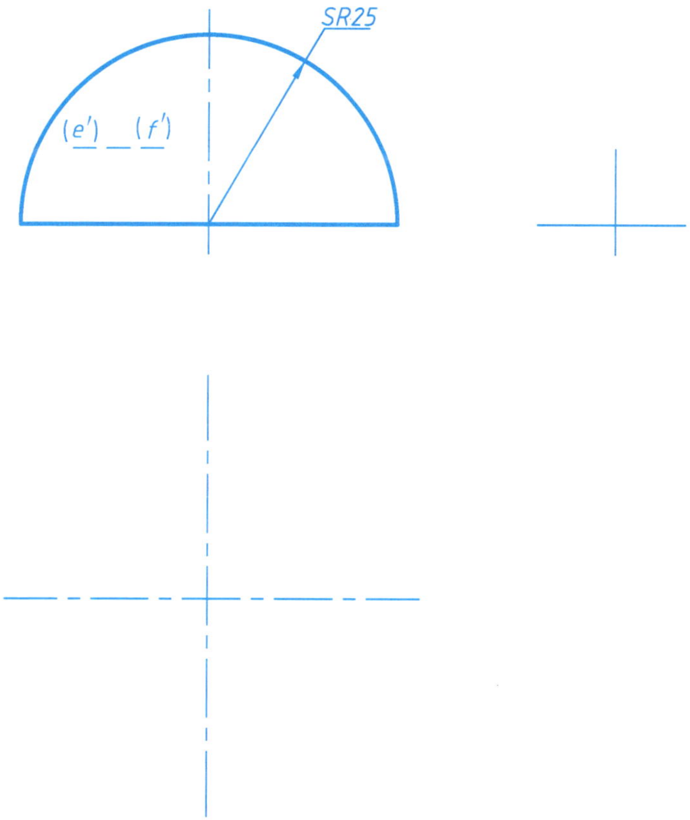

2-13 已知鼓形体的三视图，补画其上线段GH的另外两面投影。

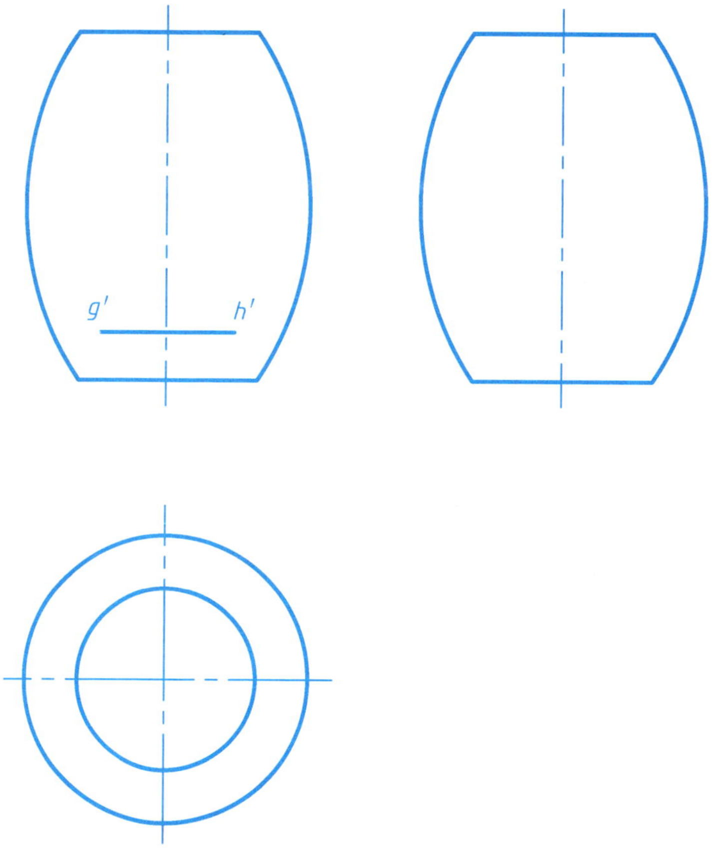

3-1 参照轴测图，补画组合体主、左视图中所缺的图线，并判断其表面之间的关系。

(1)

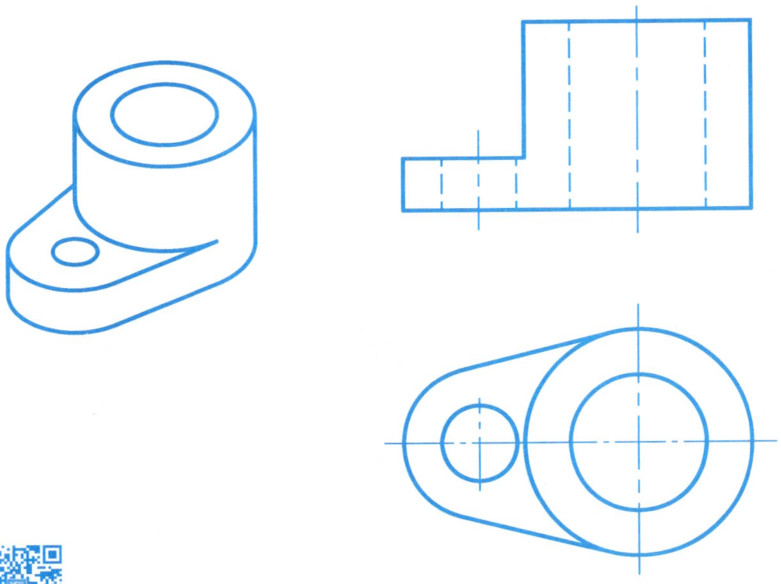

底板侧面和圆柱面是

相交_____或相切_____

(用“是”或“否”回答)

(2)

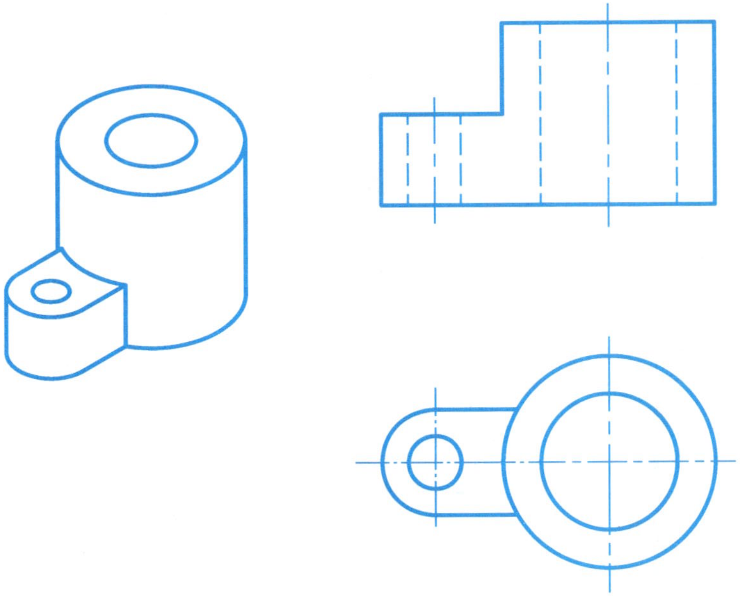

底板侧面和圆柱面是

相交_____或相切_____

(用“是”或“否”回答)

专业班级__________　姓名__________

3-2 根据3-1（1）、（2）两题中的三视图，运用形体分析法分别将其分解成两个简单形体，并绘制其三视图。

（1）

（2）

3-3 参照立体图，补画组合体的主视图，并确定其组合类型。

(1)

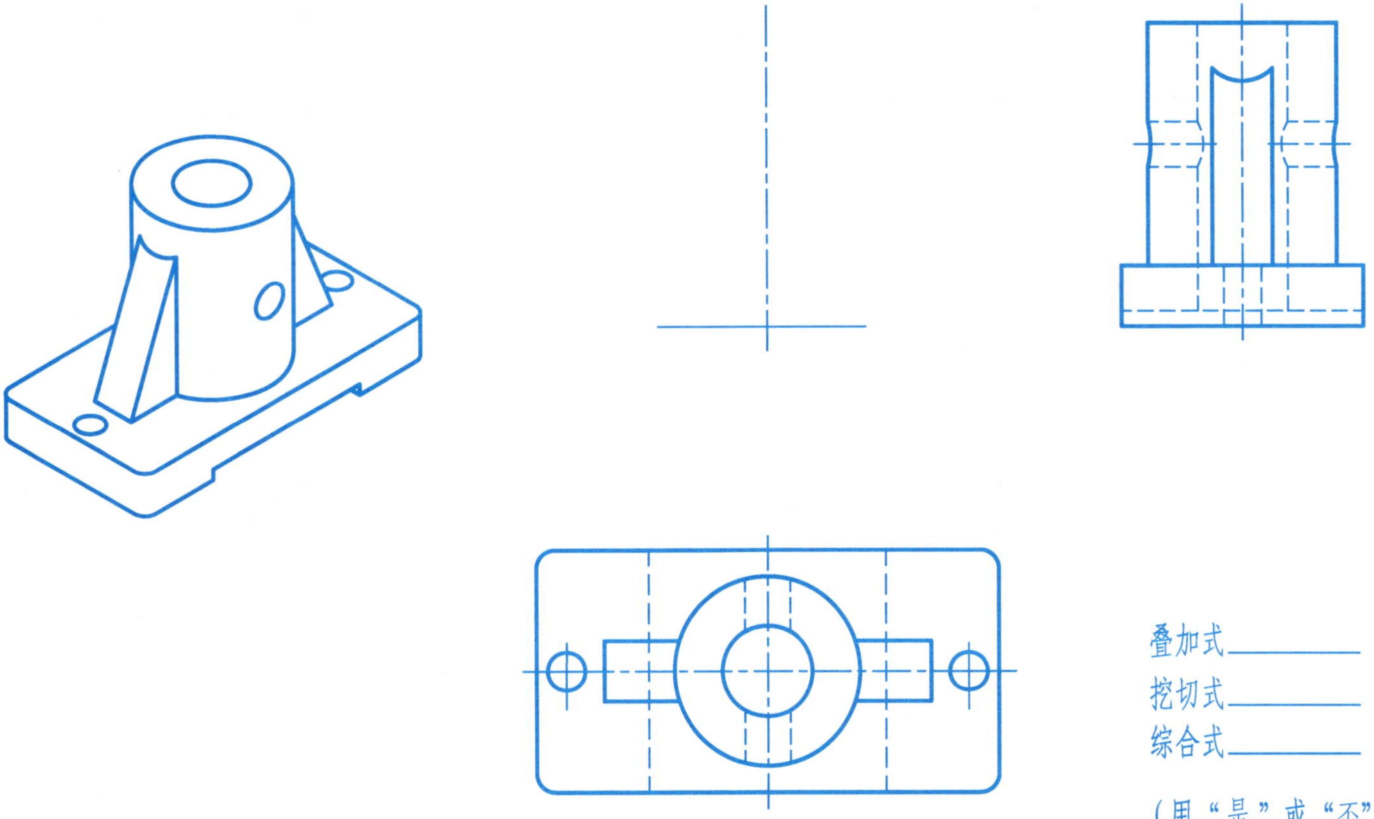

叠加式________

挖切式________

综合式________

（用“是”或“否”回答）

专业班级________ 姓名________

（2）

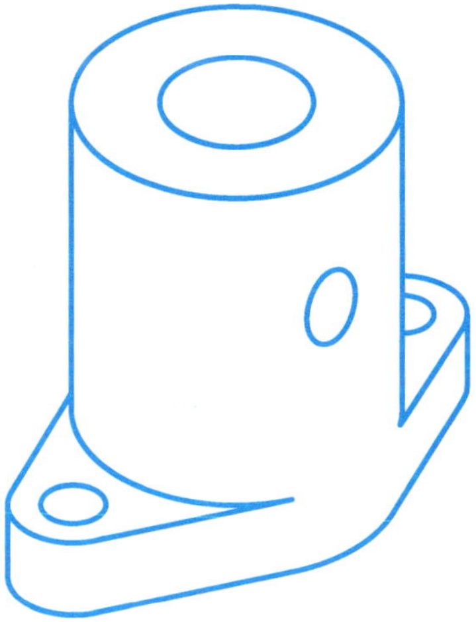

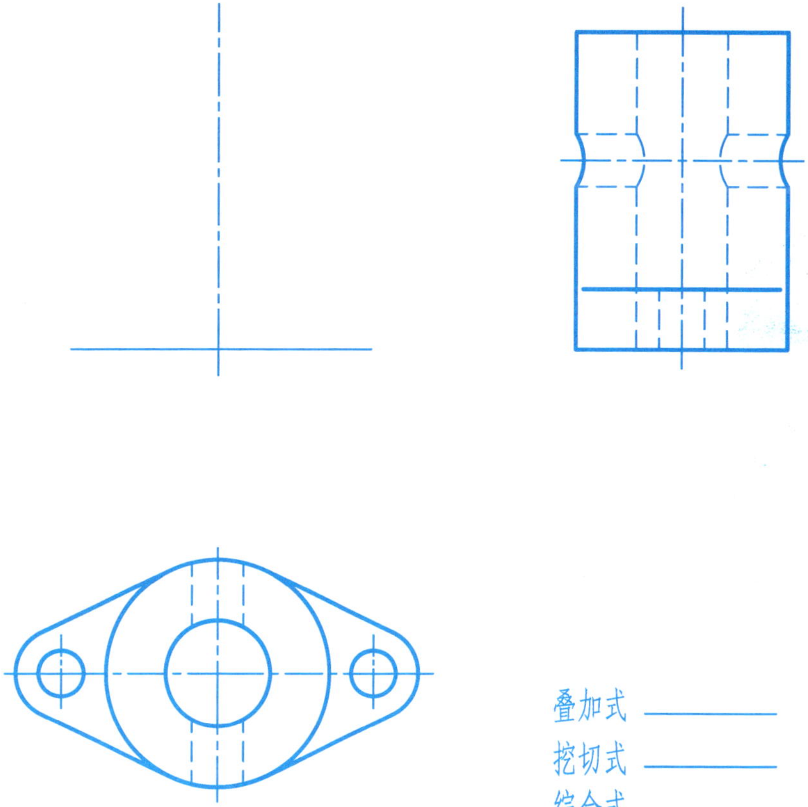

叠加式 ________

挖切式 ________

综合式 ________

（用“是”或“否”回答）

3-4 分析曲面立体的截交线，完成它们的投影。

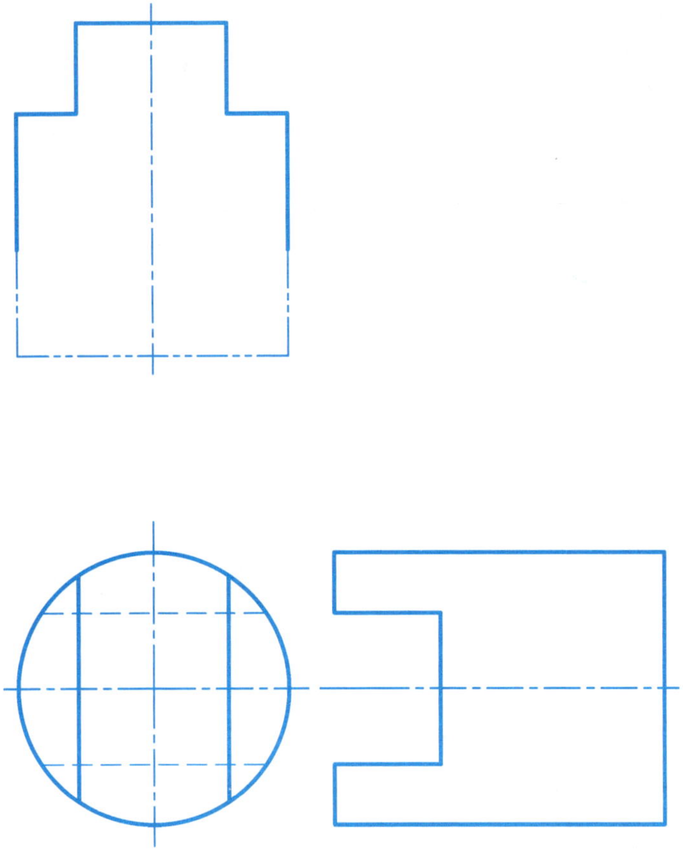

(1)

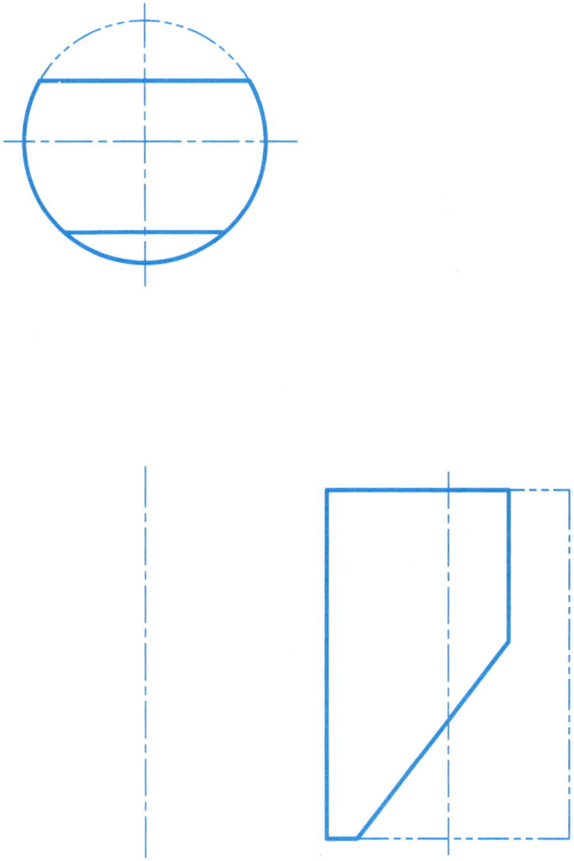

(2)

专业班级__________ 姓名__________

3-4（续）

(3)

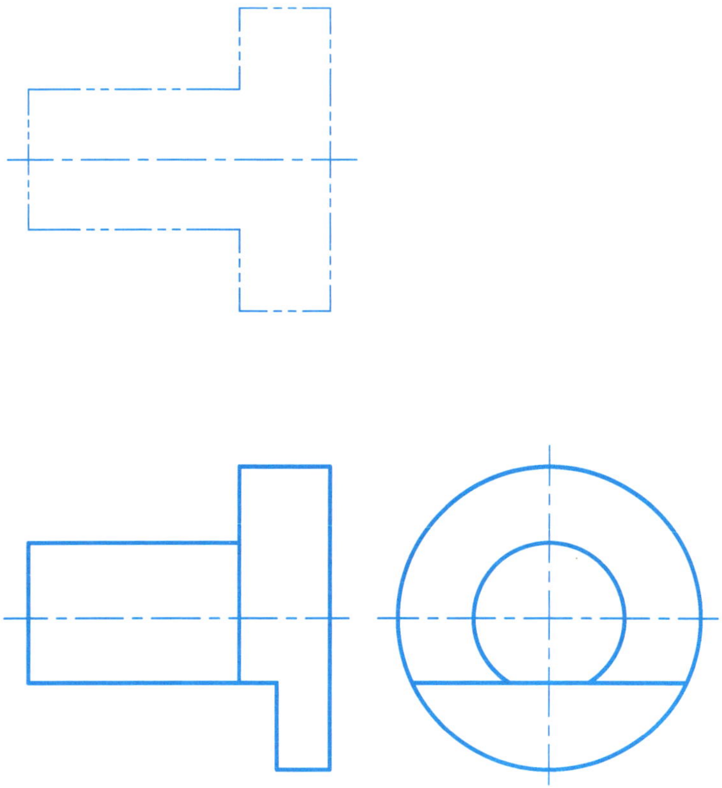

(4)

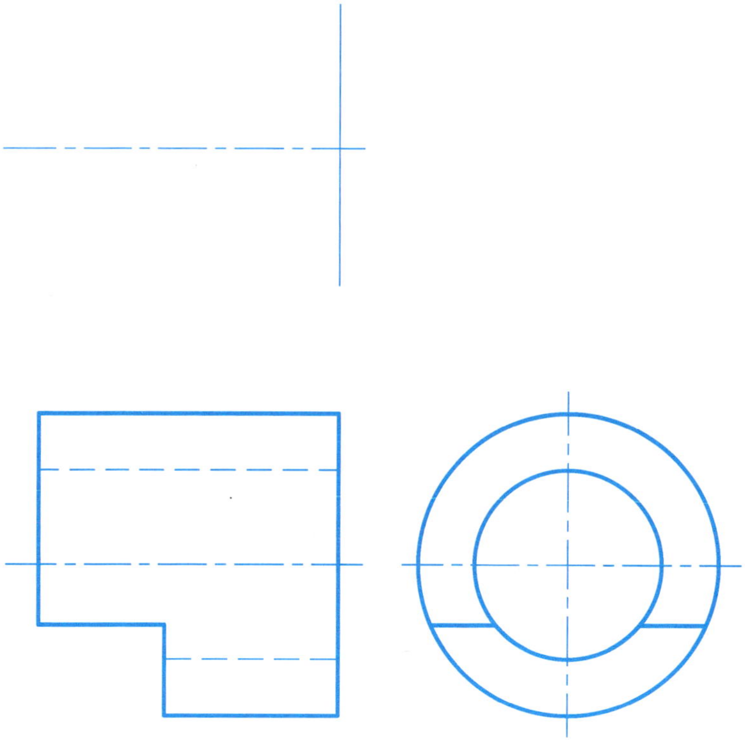

3-5 分析曲面立体的截交线，完成它们的投影。

(1)

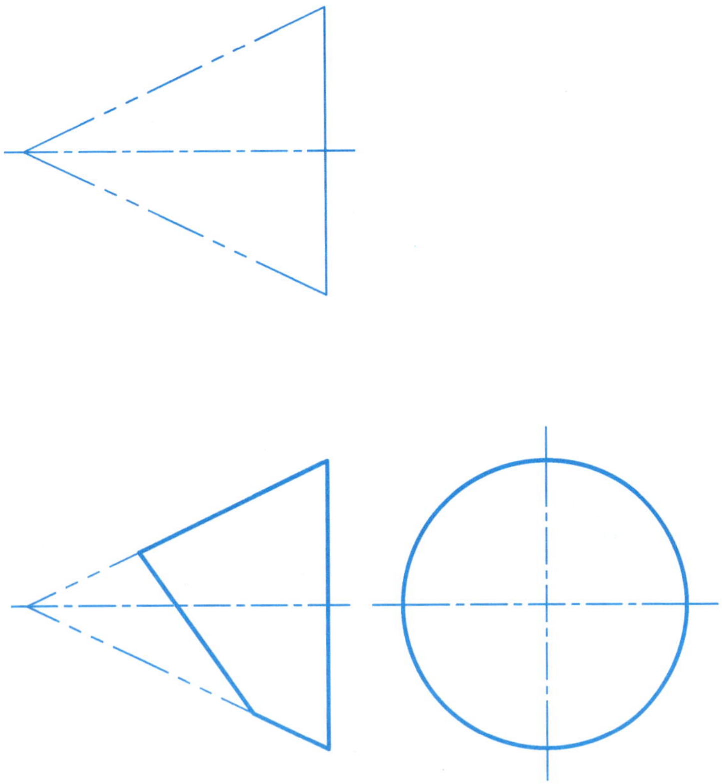

(2)

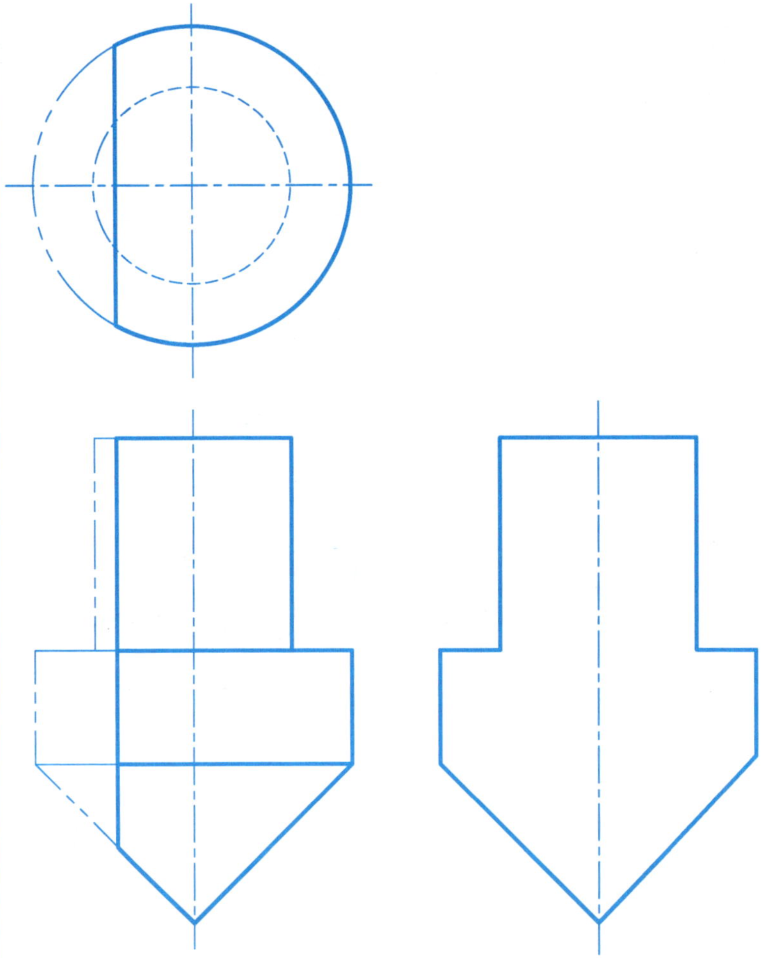

专业班级____________ 姓名____________

*(3)

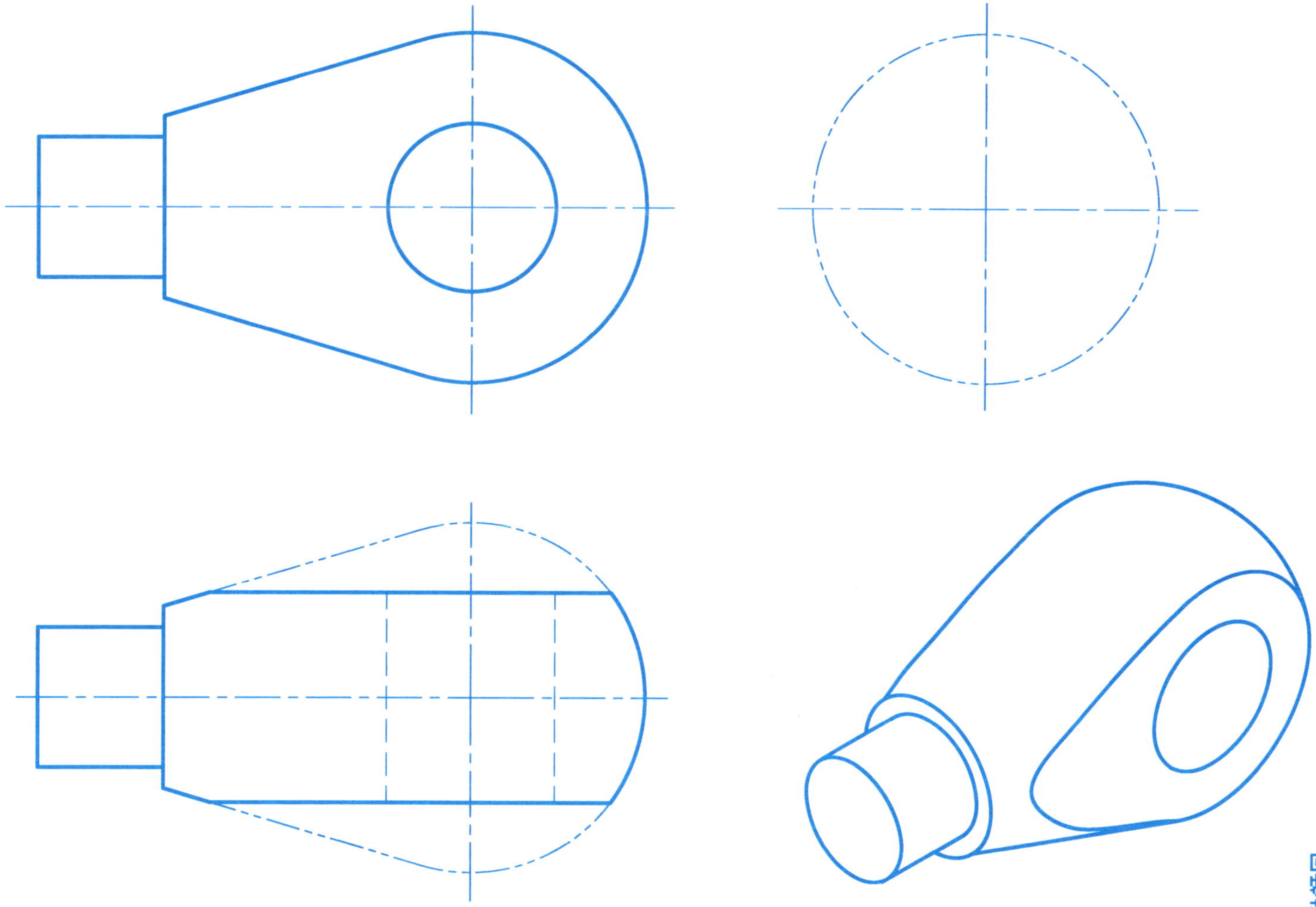

3-6 已知物体的主、俯视图，判别哪个左视图是正确的（正确的在括号内用“是”回答）。

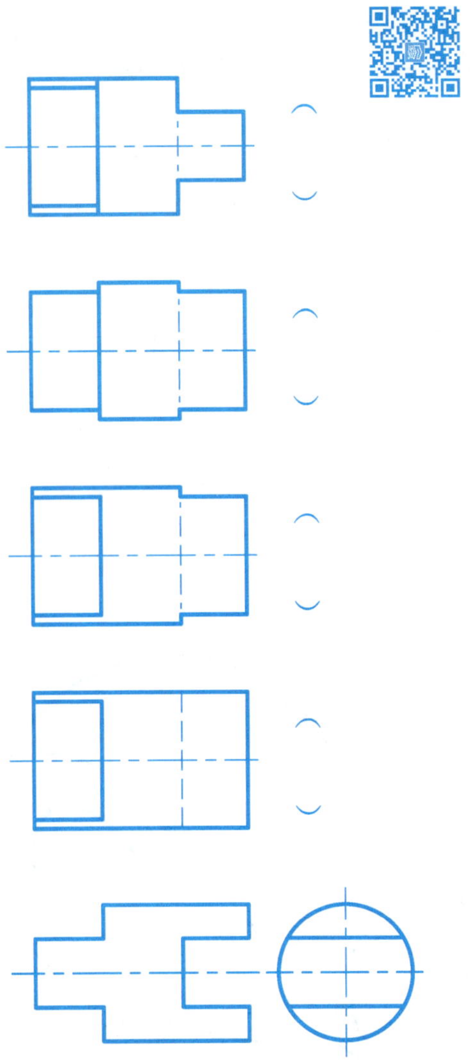

（1）

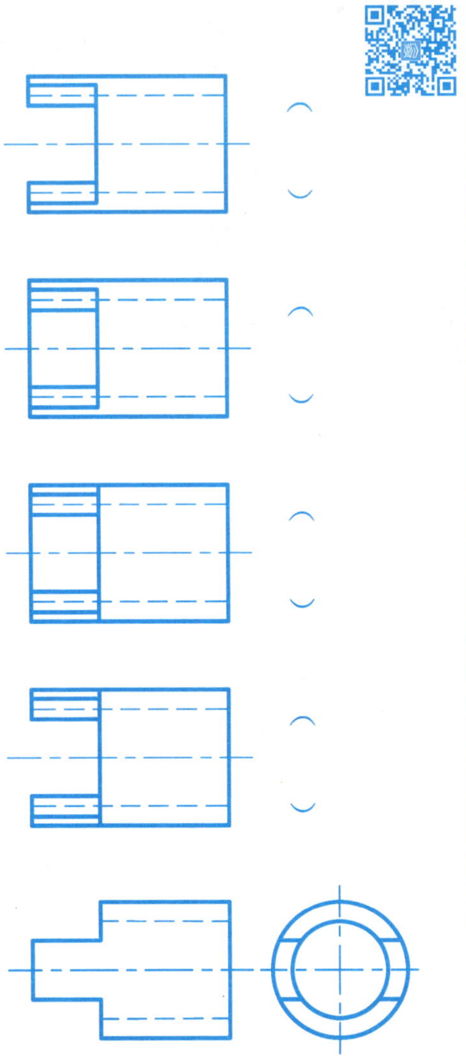

（2）

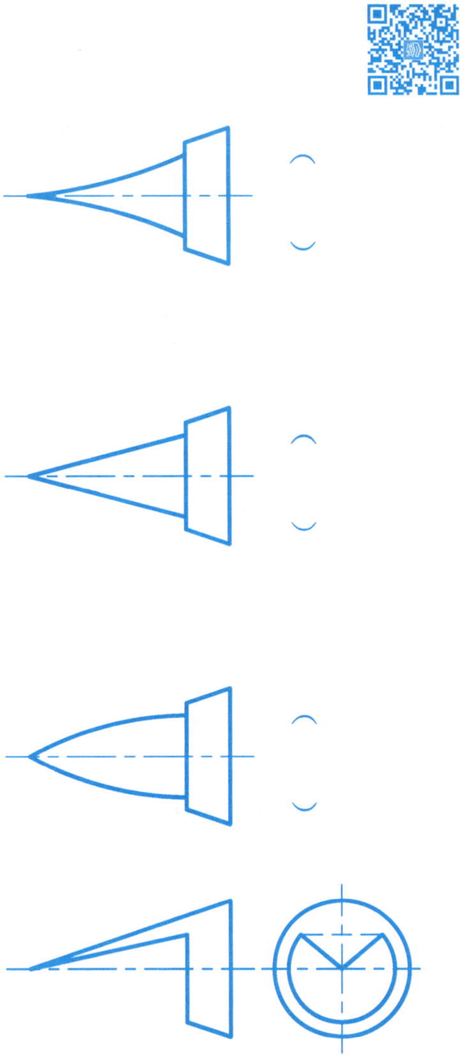

（3）

专业班级＿＿＿＿＿＿＿　　姓名＿＿＿＿＿＿＿

3-7 分析曲面立体的相贯线，并补画其所缺的投影。

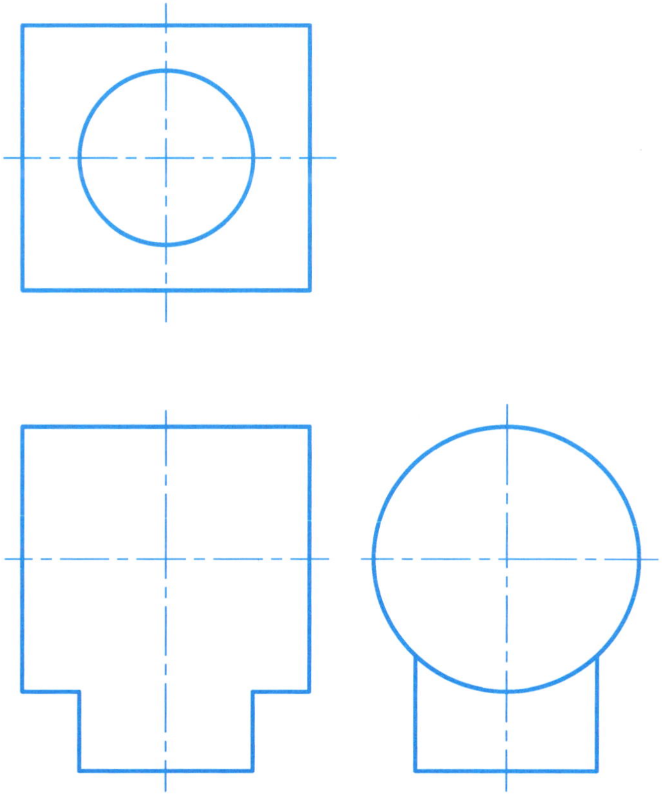

(1)

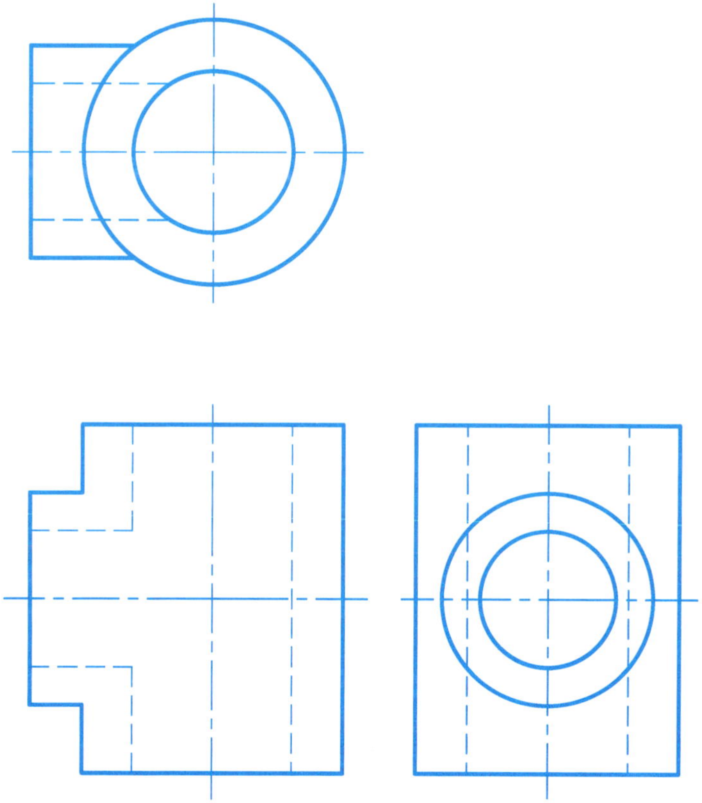

(2)

3-7（续）

（3）

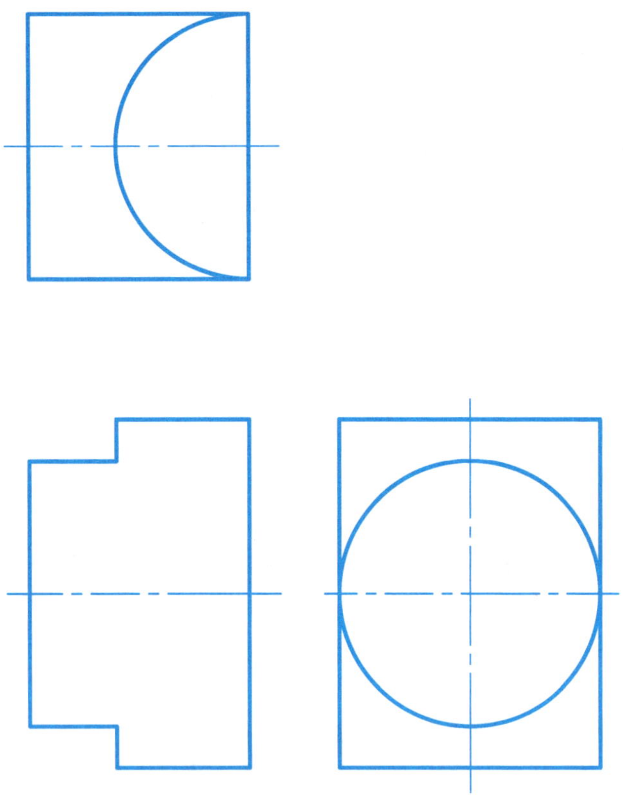

（4）

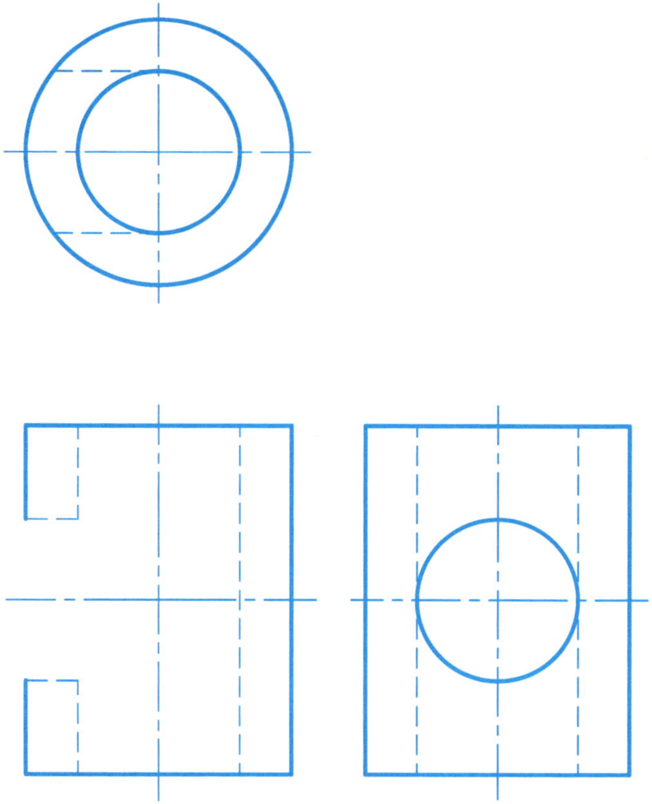

专业班级__________ 姓名__________

3-7（续）

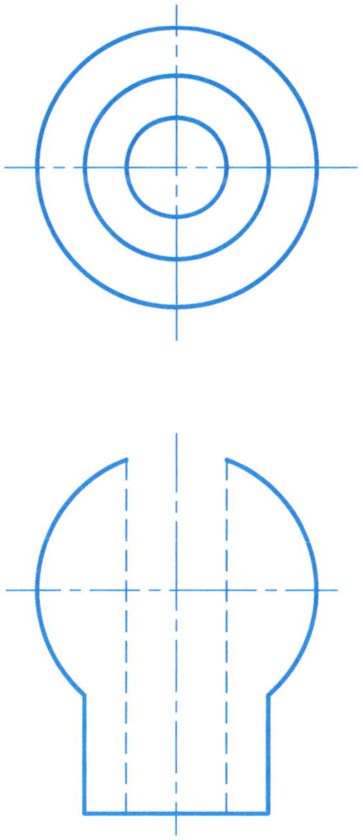

(5)

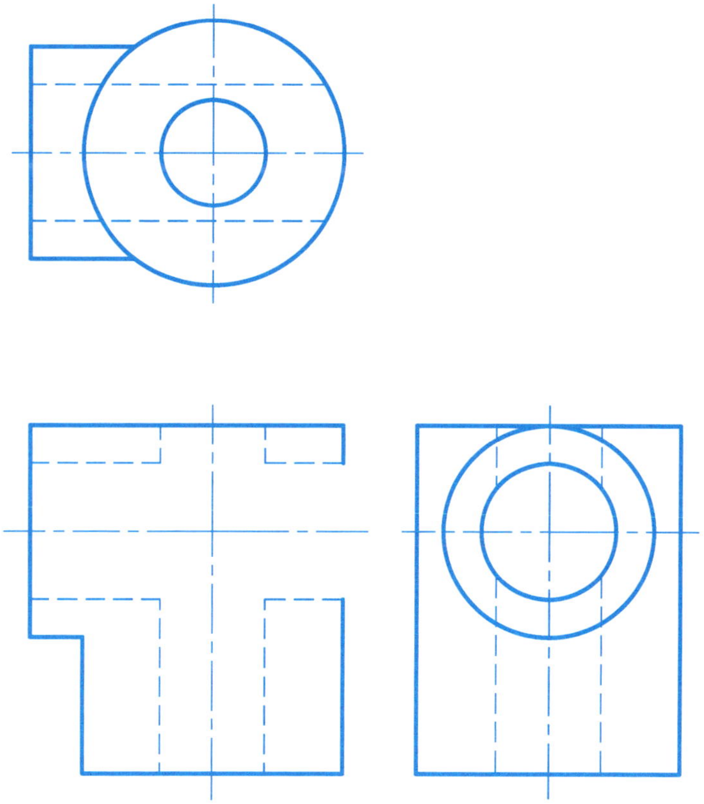

(6)

3-7(续)

(7)

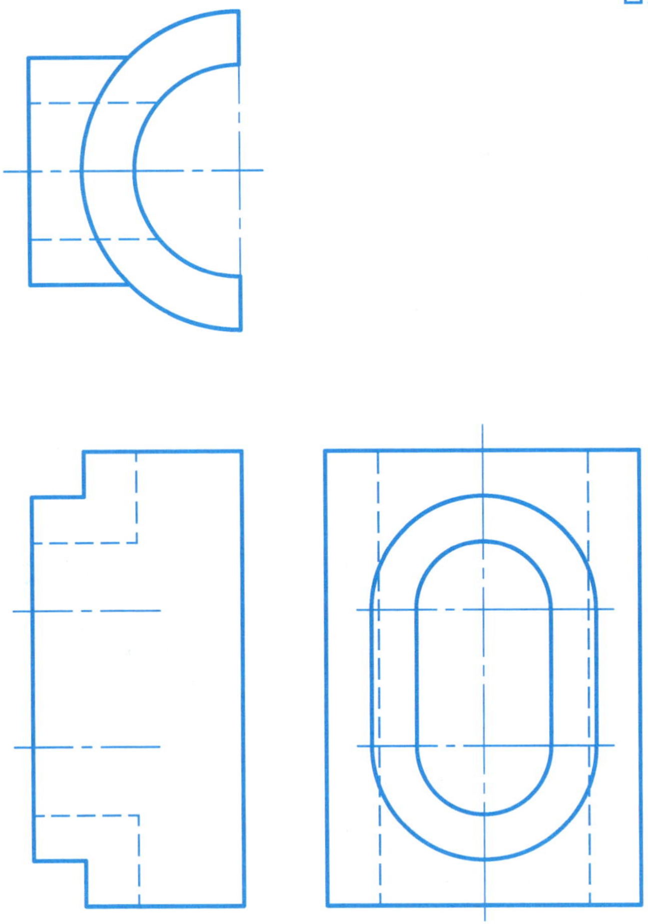

(8)

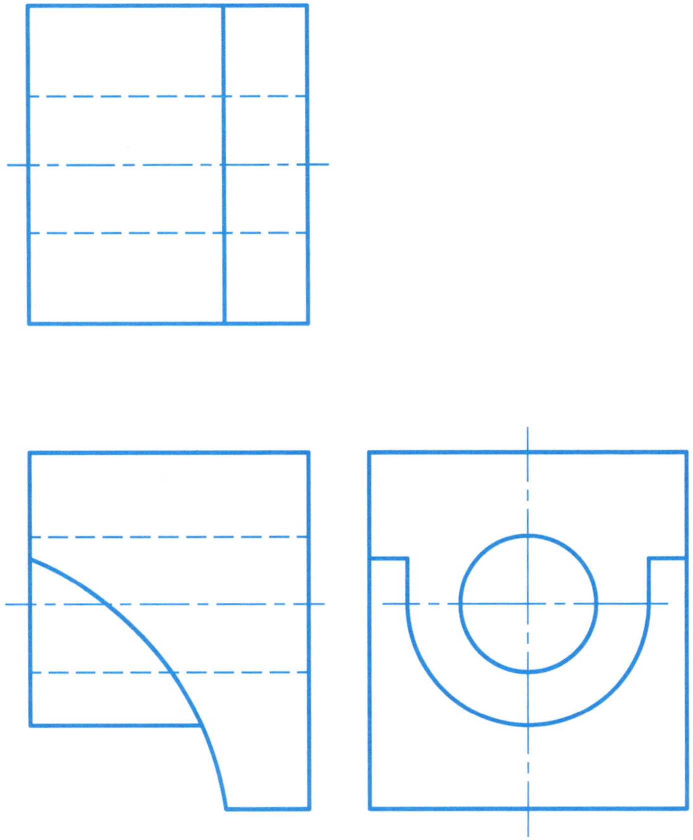

专业班级__________ 姓名__________

*3-8 分析圆柱面与球面的相贯线，完成它们的投影。

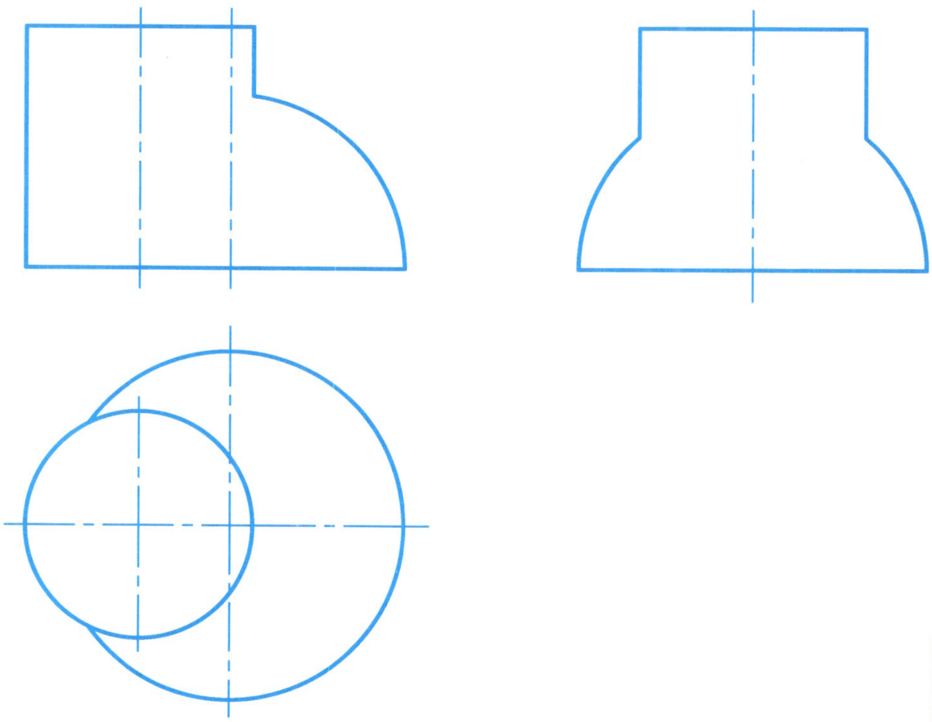

*3-9 参照轴测图，分析组合体的表面交线，补画左视图及 A、B 两点的投影。

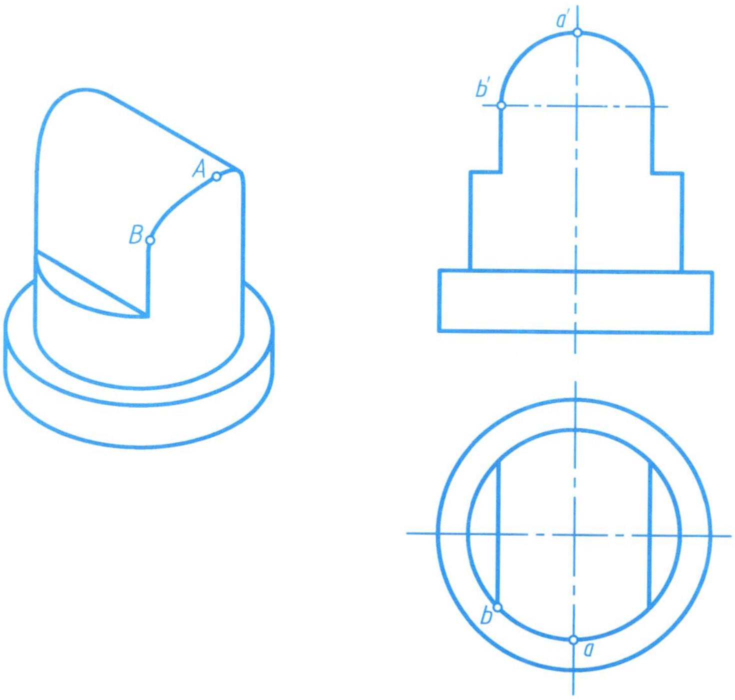

*3-10 分析组合体表面的交线，完成它们的投影。

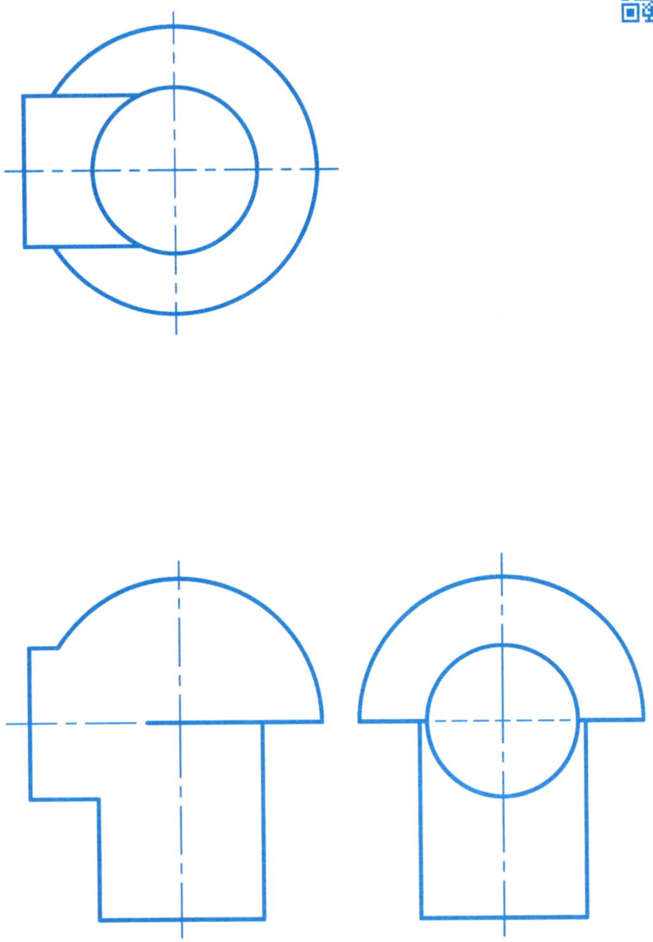

(1)

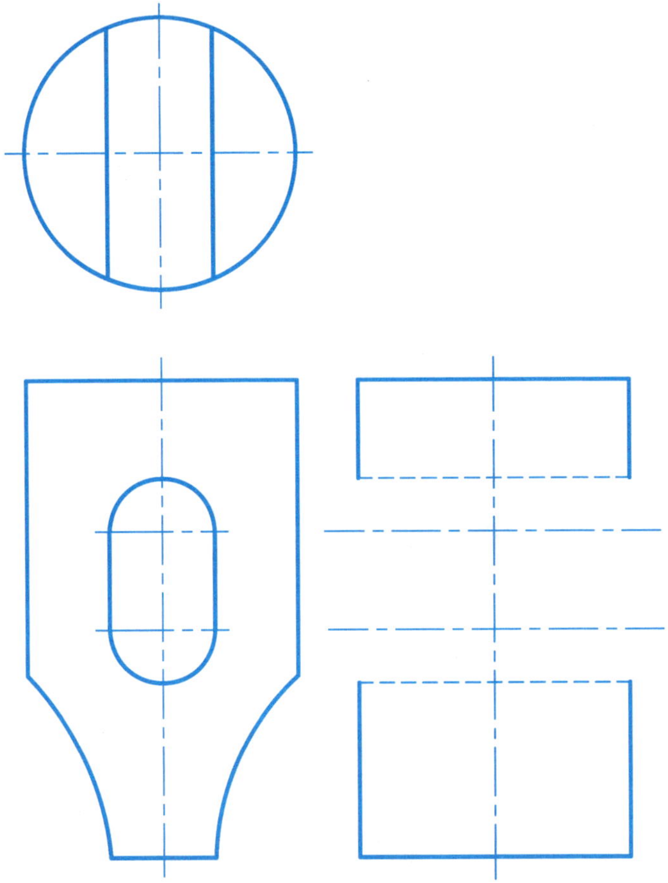

(2)

专业班级__________ 姓名__________

3-11 已知物体的主、俯视图，判别哪个左视图是正确的（正确的在括号内用“是”回答）。

(1)

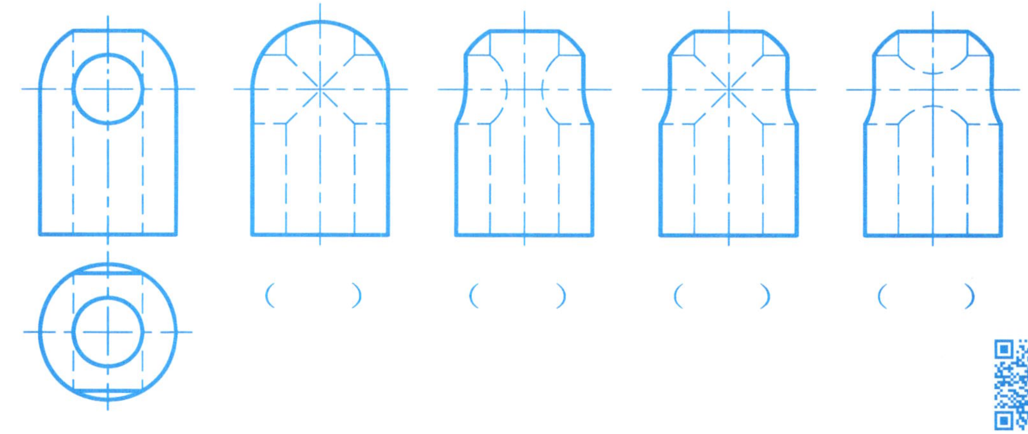

(2)

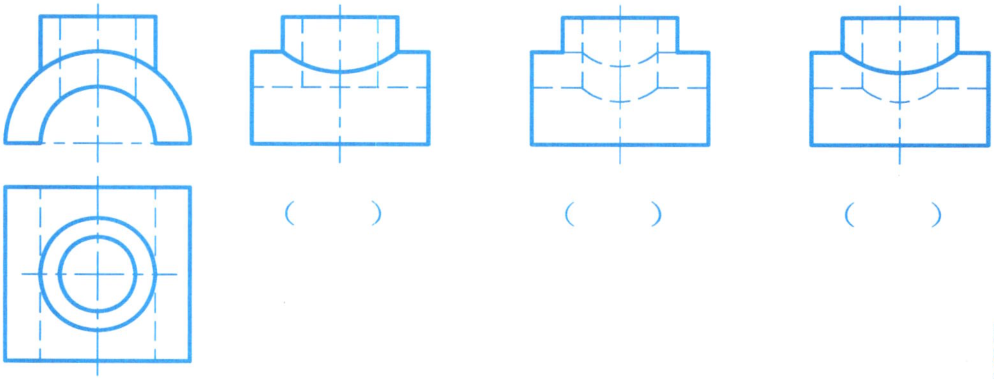

3-12 分析下列圆柱和半圆柱表面的交线，判别哪一组视图是正确的（正确的在括号内用“是”回答）。

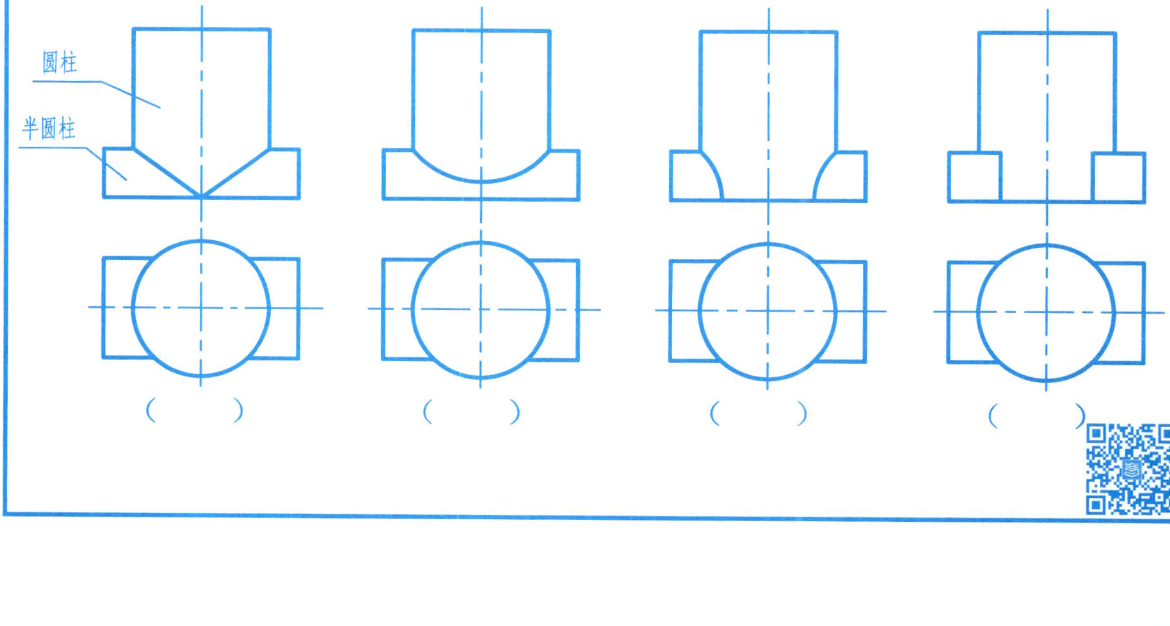

3-13 补标下列组合体的定位尺寸，并填写定形尺寸的数值（尺寸数值从图中按1∶1的比例量取并取整数）。

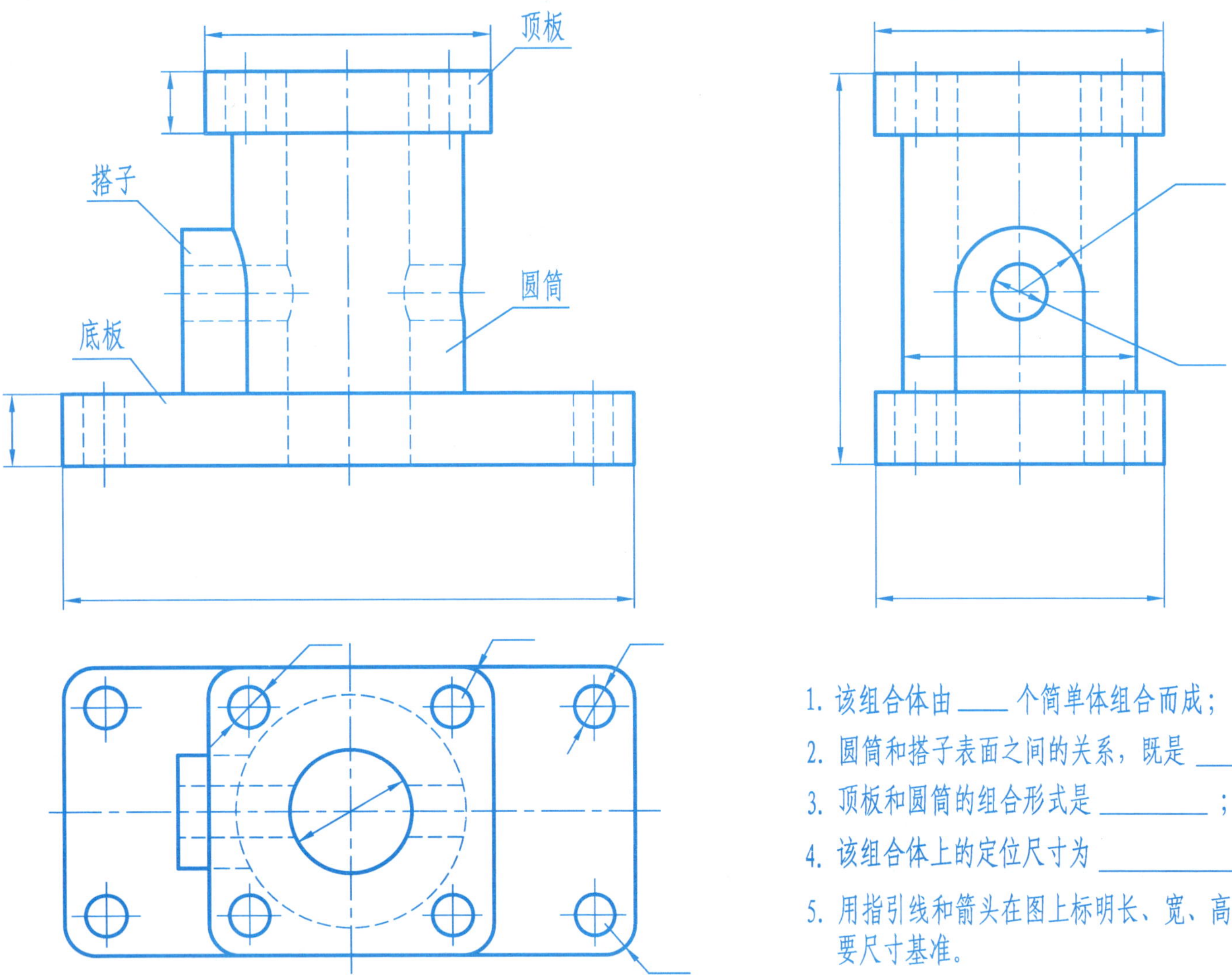

1. 该组合体由____个简单体组合而成；
2. 圆筒和搭子表面之间的关系，既是___又是____；
3. 顶板和圆筒的组合形式是________；
4. 该组合体上的定位尺寸为________________；
5. 用指引线和箭头在图上标明长、宽、高三个方向的主要尺寸基准。

专业班级__________ 姓名__________

3-14 标注下列组合体的定形尺寸和总体尺寸，图中所有的尺寸数值从图中按1∶1的比例量取并取整数。

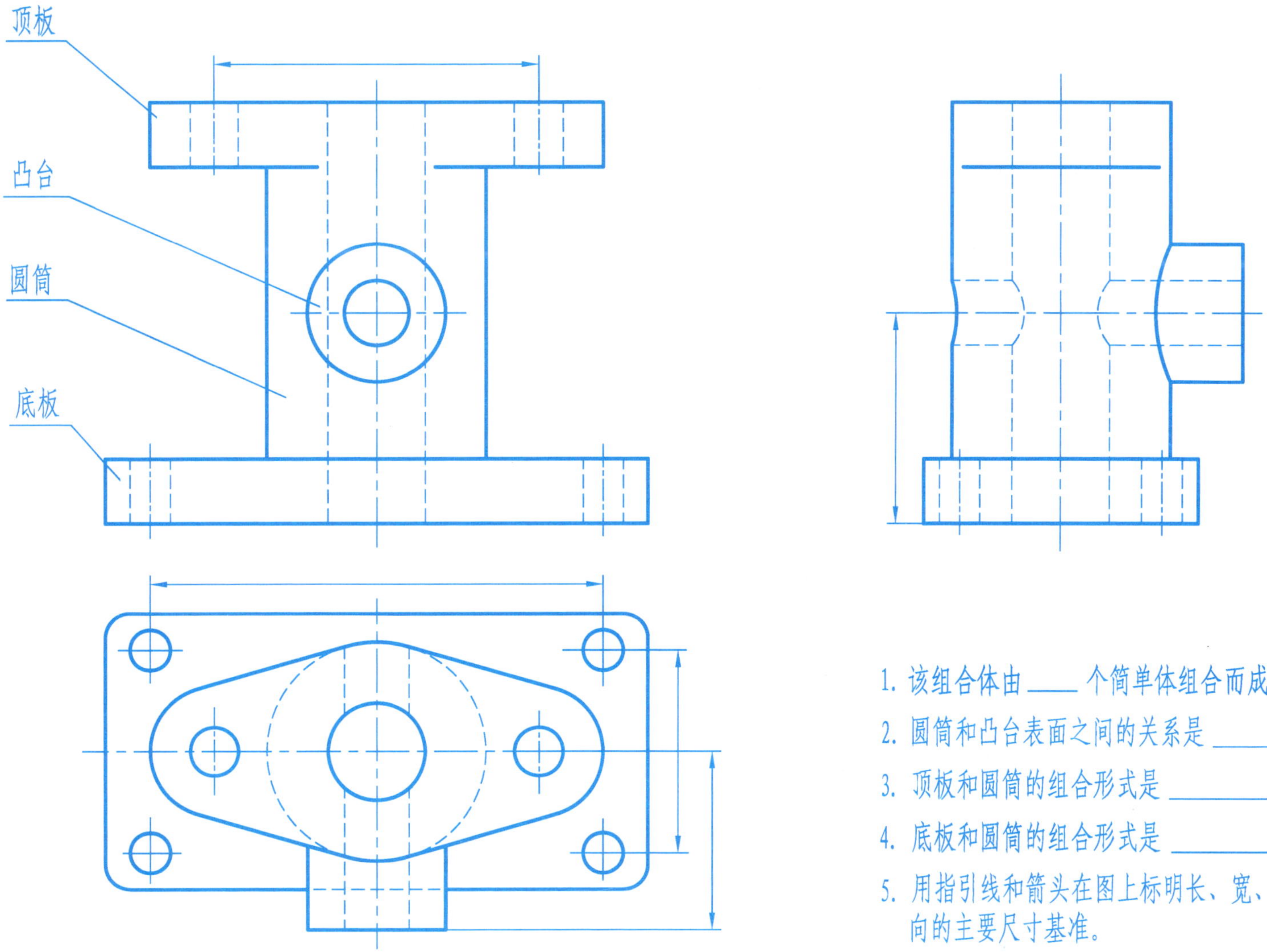

1. 该组合体由____个简单体组合而成；
2. 圆筒和凸台表面之间的关系是______；
3. 顶板和圆筒的组合形式是______；
4. 底板和圆筒的组合形式是______；
5. 用指引线和箭头在图上标明长、宽、高三个方向的主要尺寸基准。

3-15 根据组合体的视图，画出其正等轴测图（尺寸按1∶1量取；用尺规、计算机或徒手绘图均可）。

(1)

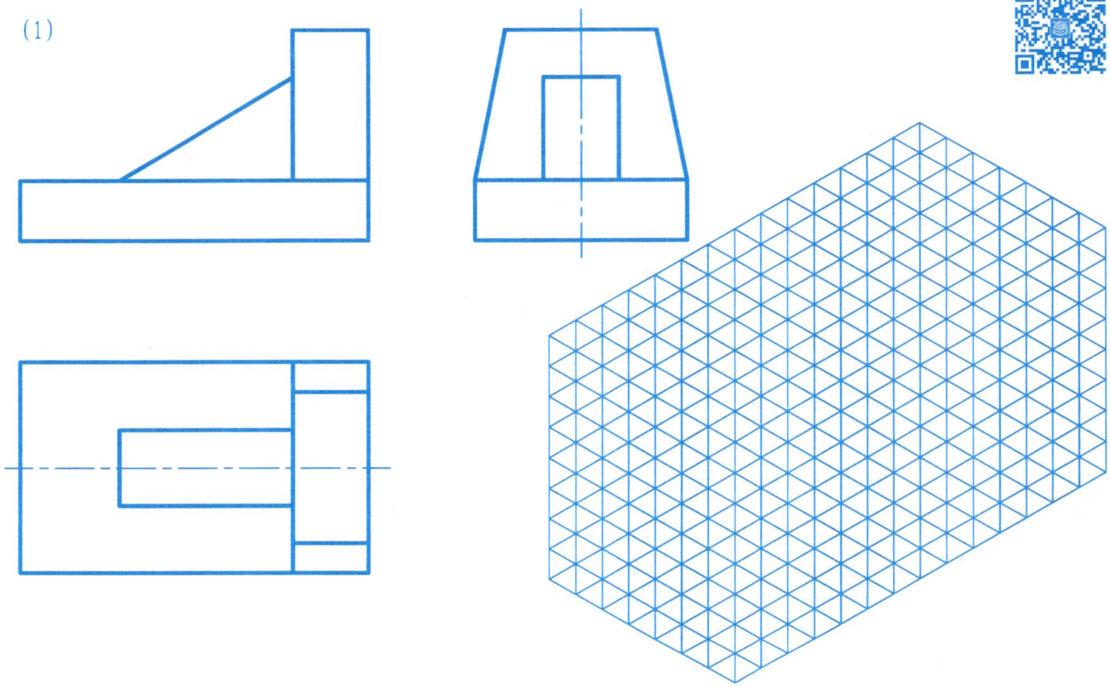

(2)

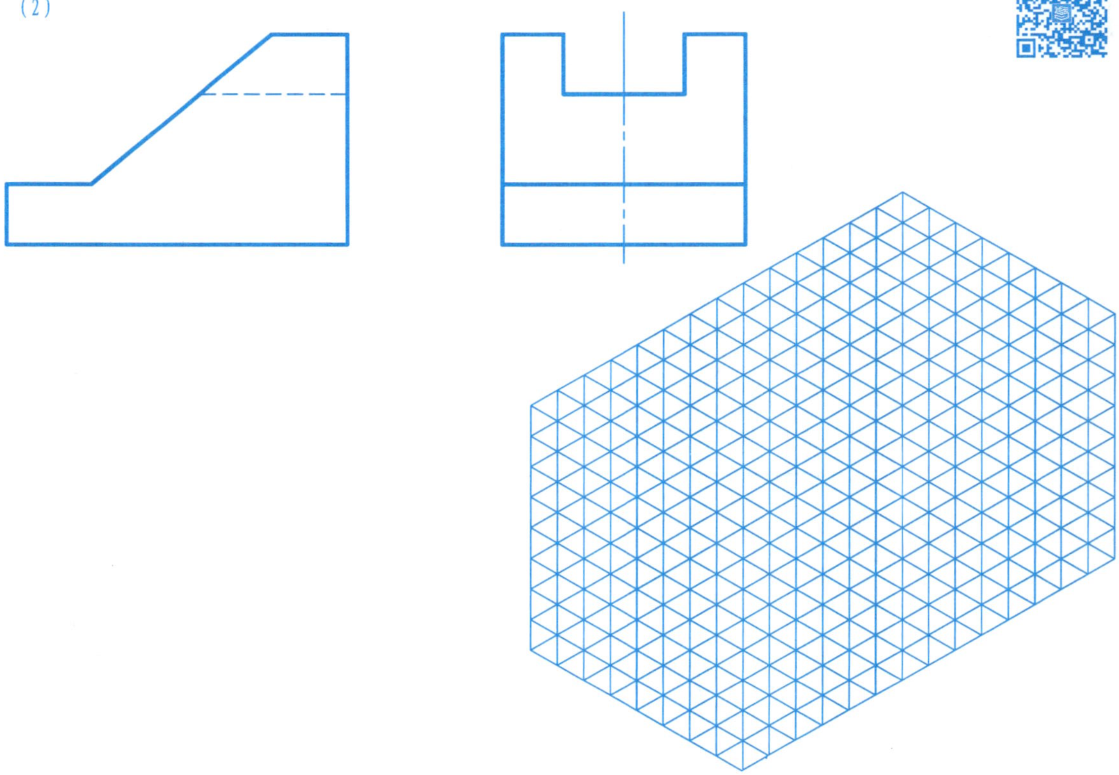

专业班级__________ 姓名__________

3-15（续）

（3）

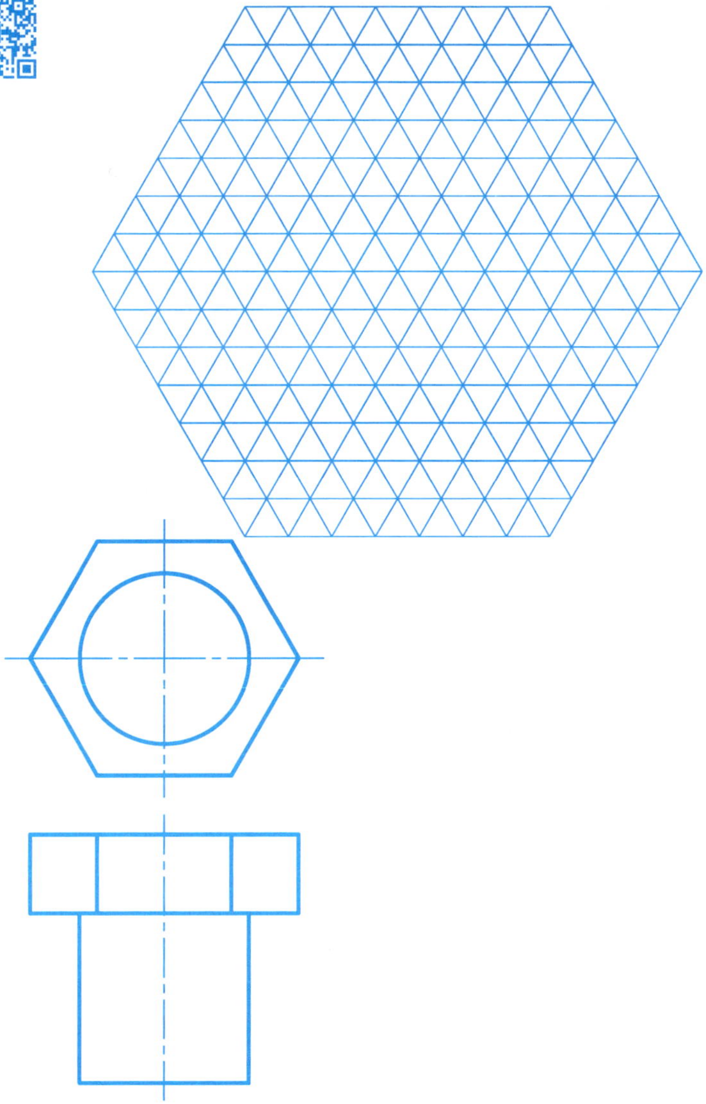

（4）

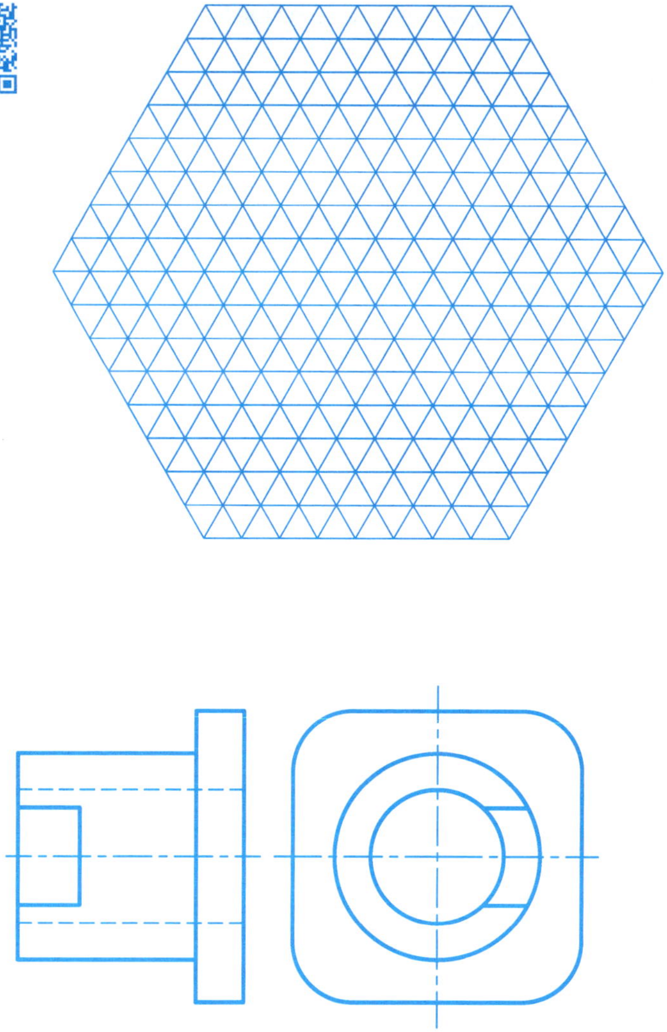

3-16 根据组合体的视图，画出其正等轴测图（尺寸按1∶1的比例量取；用尺规、计算机或徒手绘图均可）。

(1)

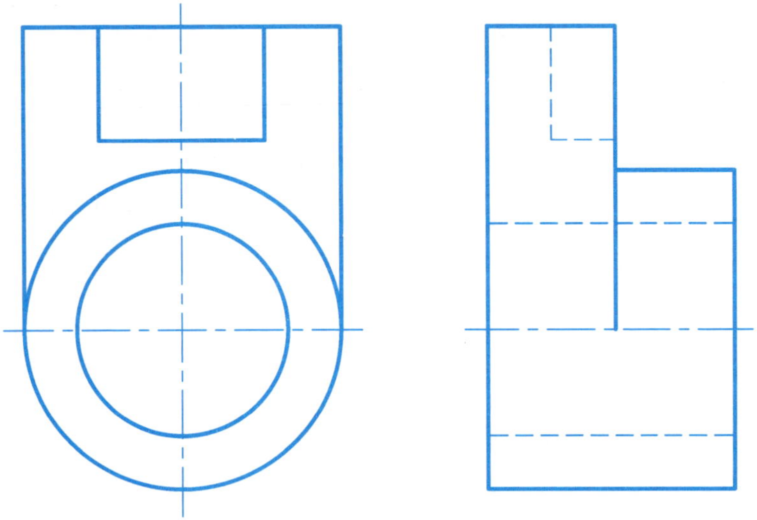

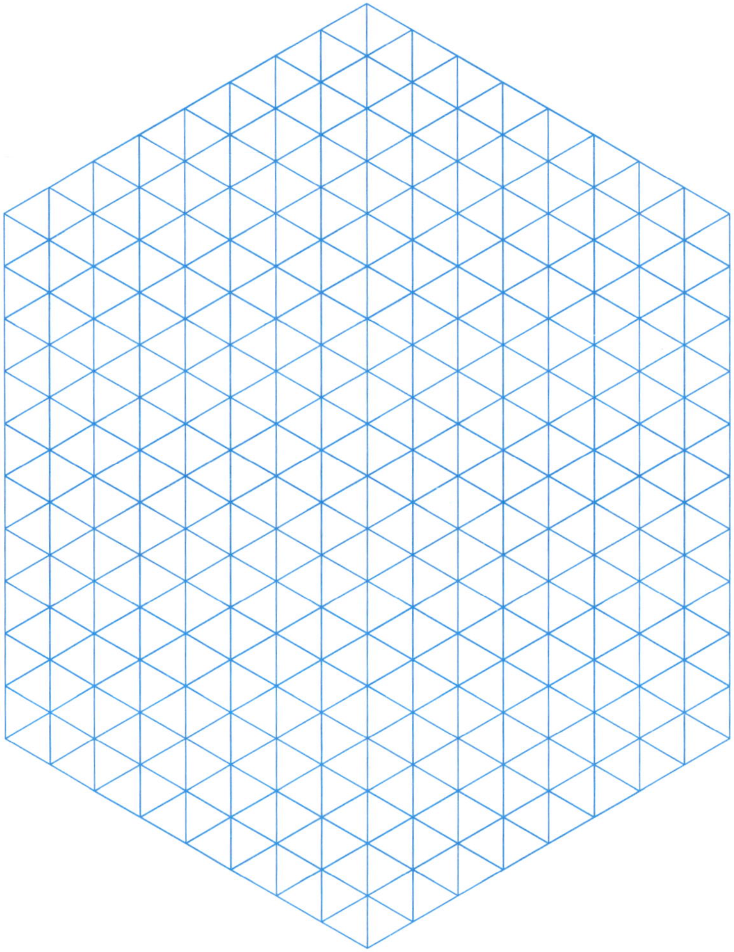

专业班级__________ 姓名__________

3-16（续）

（2）

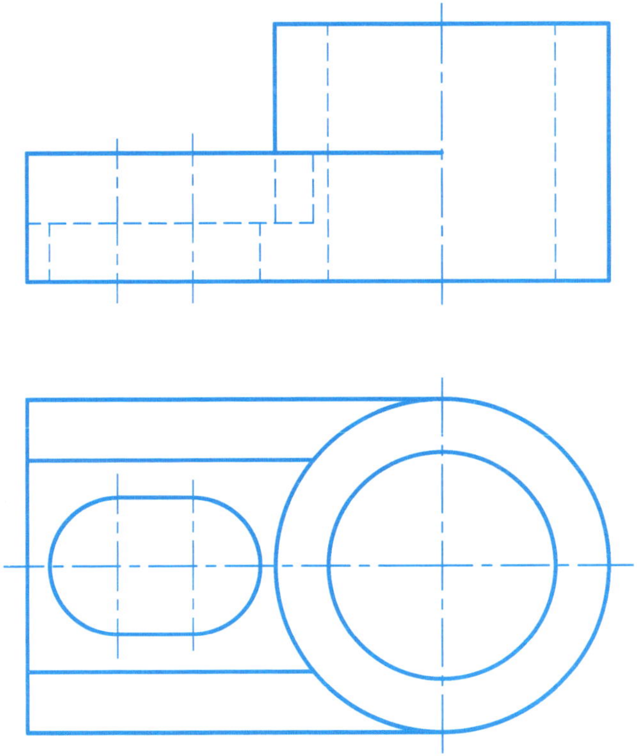

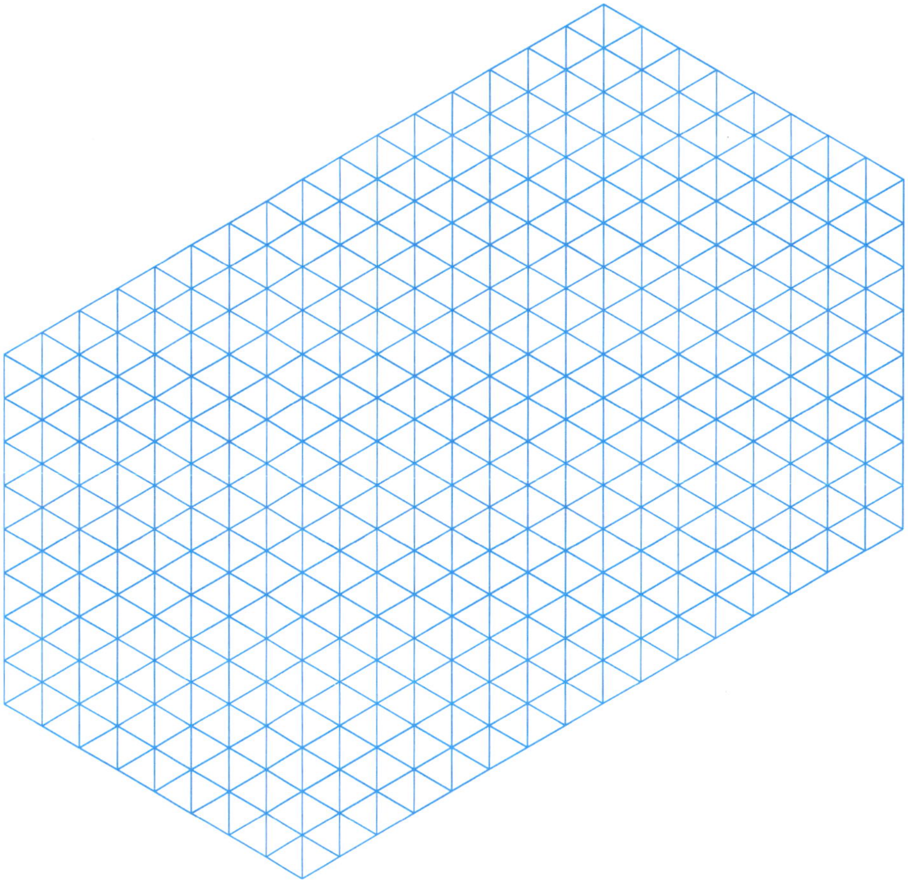

4-1 根据俯视图，构想六个不同的组合体，画出其主视图(也可以构想出更多的组合体)。

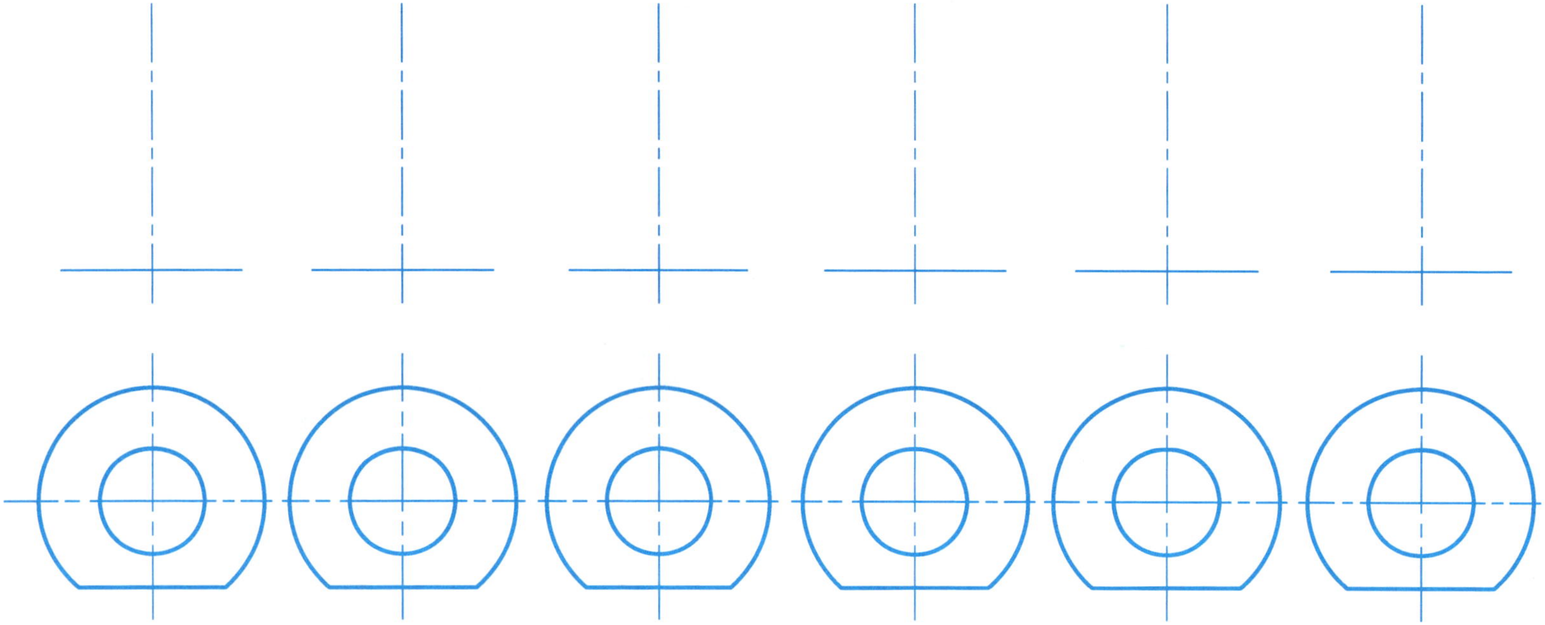

专业班级＿＿＿＿＿＿　姓名＿＿＿＿＿＿

4-2 根据主视图，构想三个不同的组合体，画出其俯视图（必要时可以标注尺寸）。

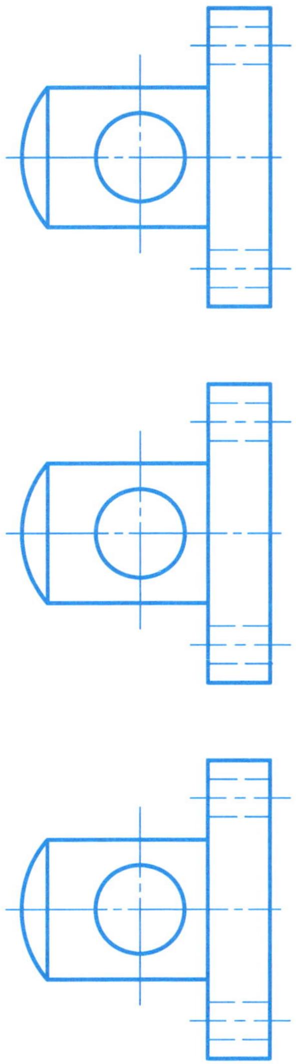

4-3 根据俯视图，构想三个不同的组合体，画出其主视图（必要时可以标注尺寸）。

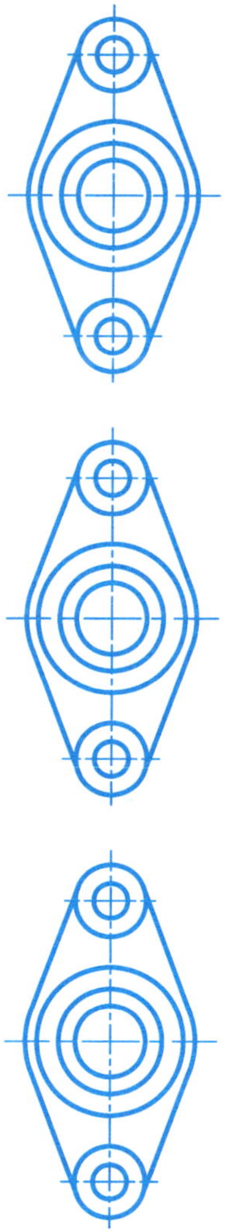

4-4 根据主、俯视图，构想四个不同的组合体，画出其左视图(也可以构想出更多的组合体）。

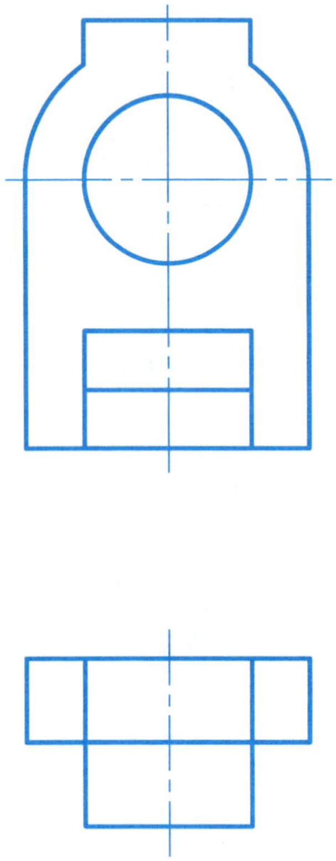

专业班级__________ 姓名__________

4-5 根据组合体的两个视图，画出其第三视图。

(1)

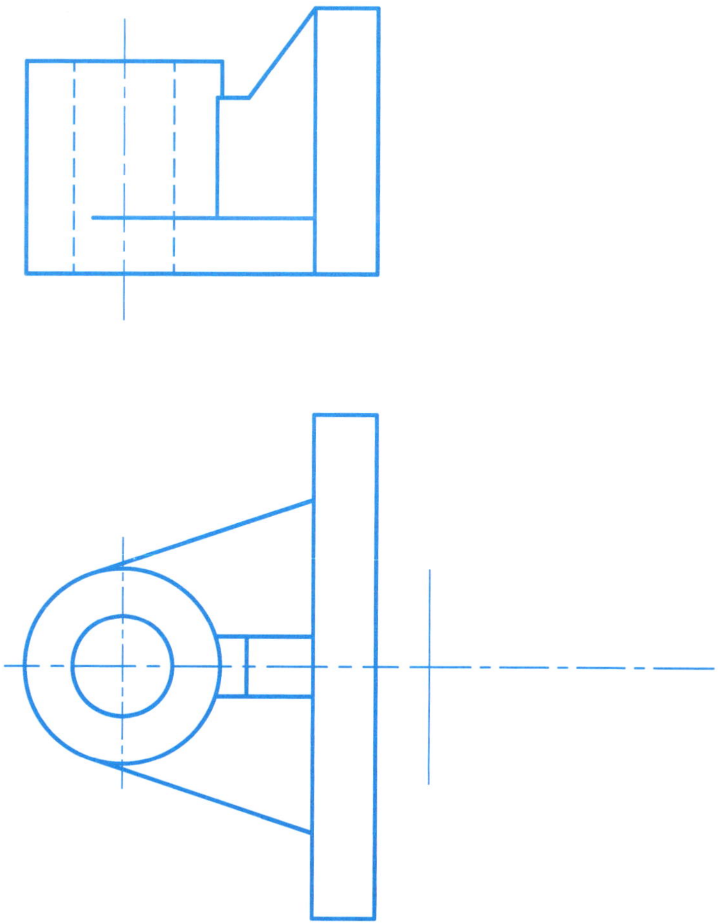

(2)

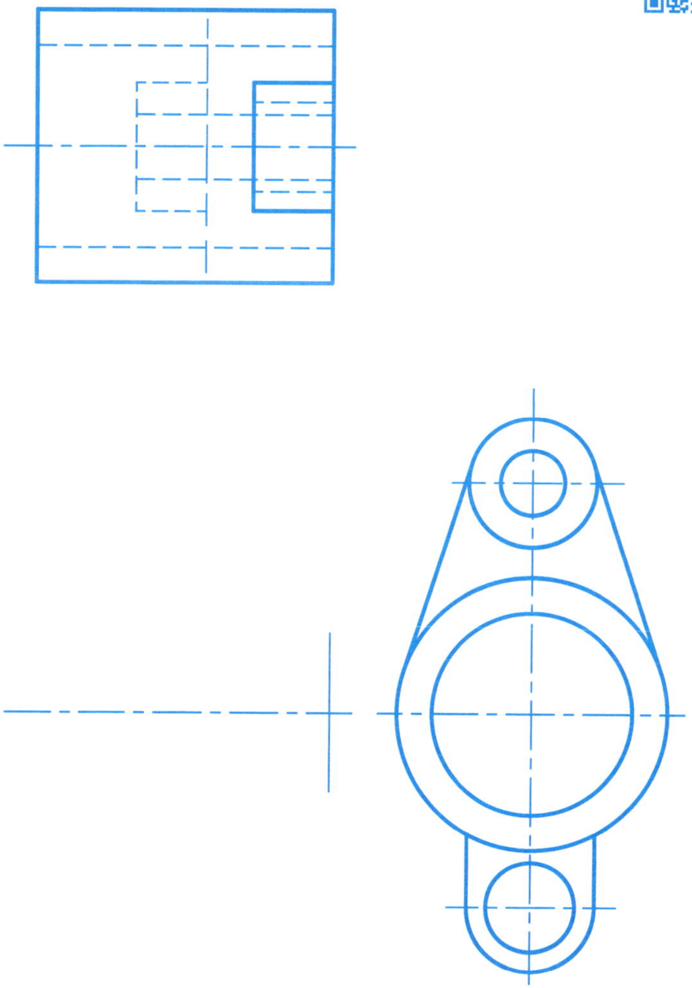

4-5（续）

(3)

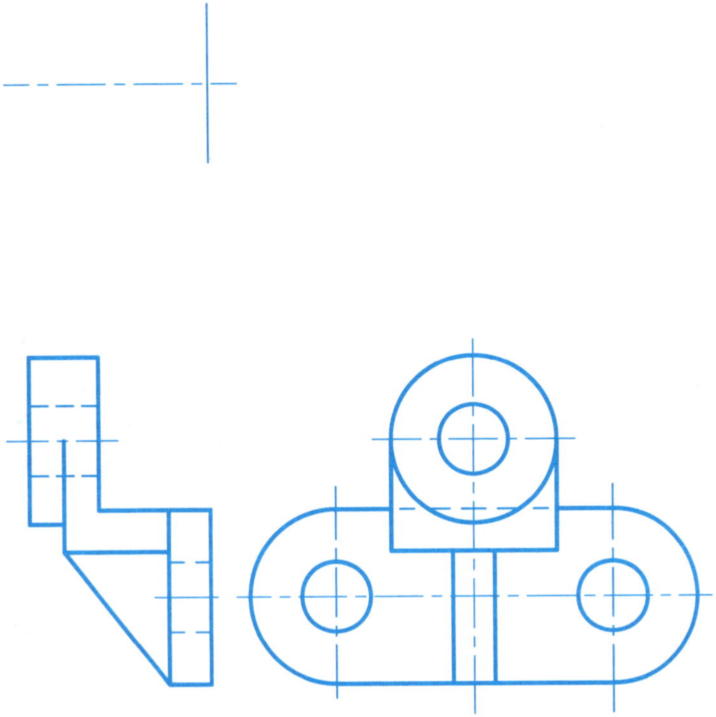

(4)

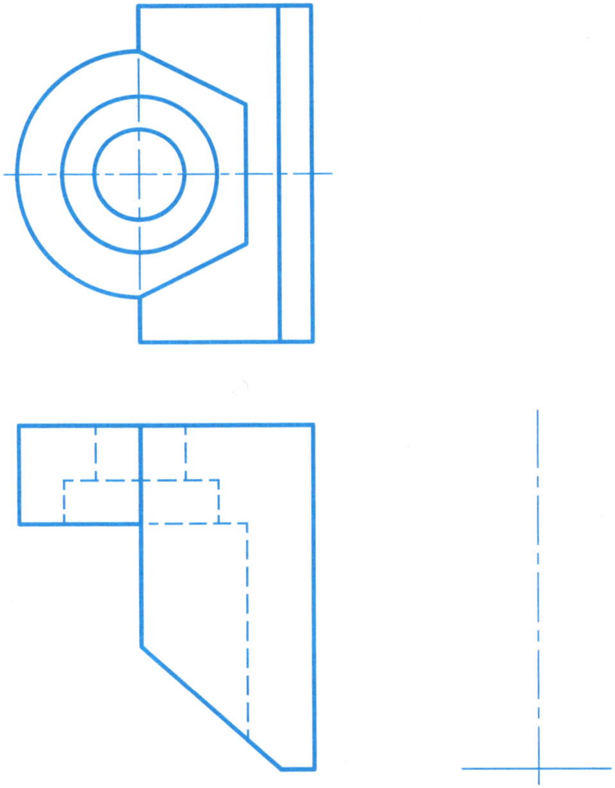

专业班级__________ 姓名__________

4-6 根据组合体的主、俯视图，画出其左视图。

(1) 在完成左视图后，补标出形体A的另两面投影，并画出形体A的三视图（在图上量取尺寸，按比例1:1画在下面空白处）。

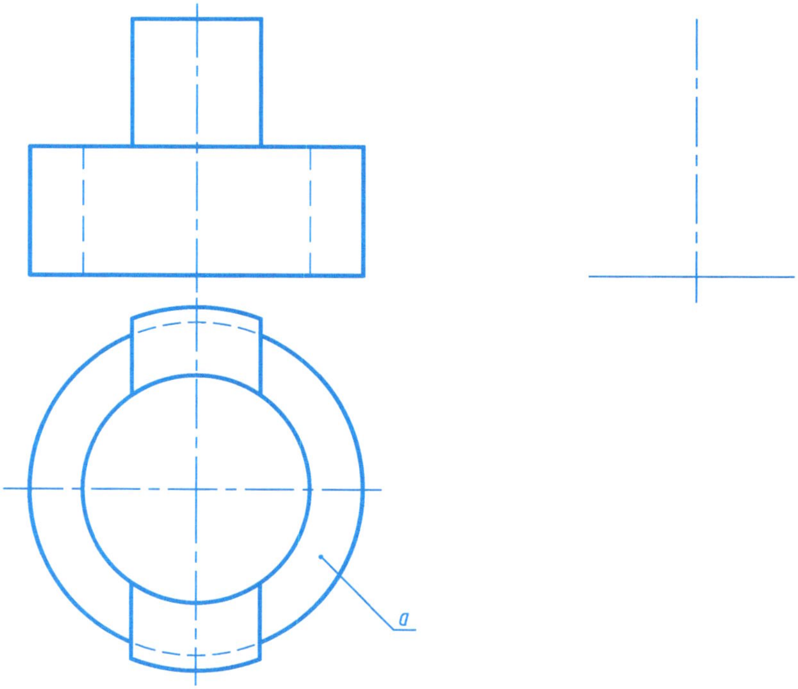

专业班级________ 姓名________

4-6（续）

（2）在完成左视图后，补标出带凹槽形体B的另两面投影，并画出形体B的三视图（在图上量取尺寸，按比例1:1画在下面空白处）。

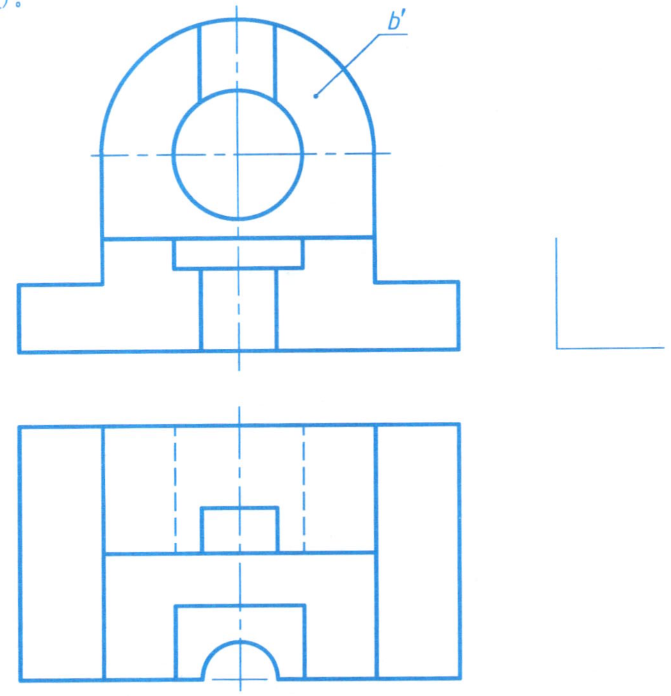

4-7 根据组合体的两个视图，画出其第三视图。

(1)

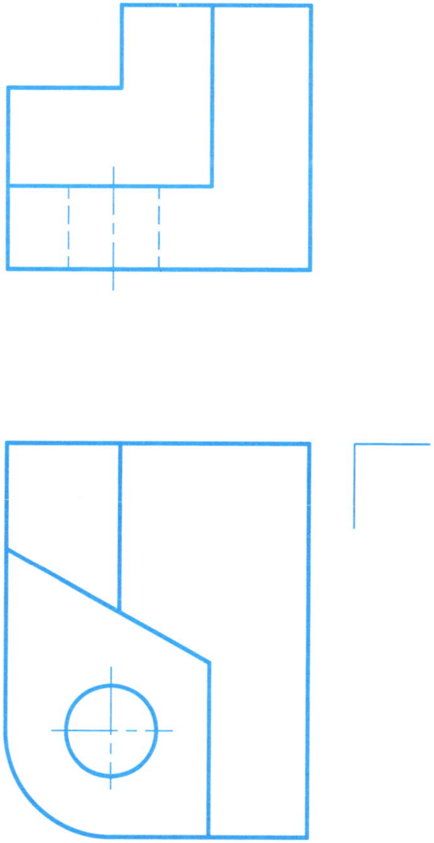

*(2)

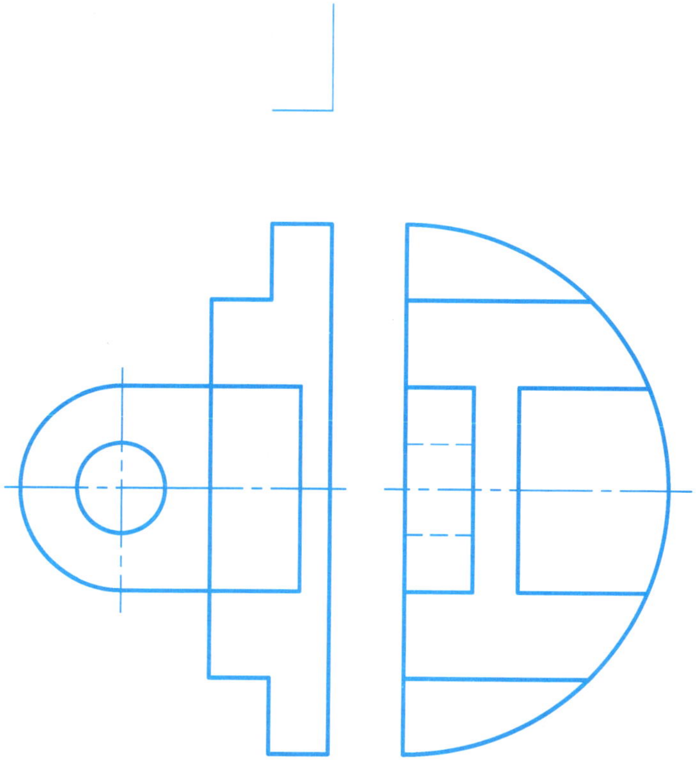

4-8 根据组合体的两个视图，画出其第三视图。

(1)

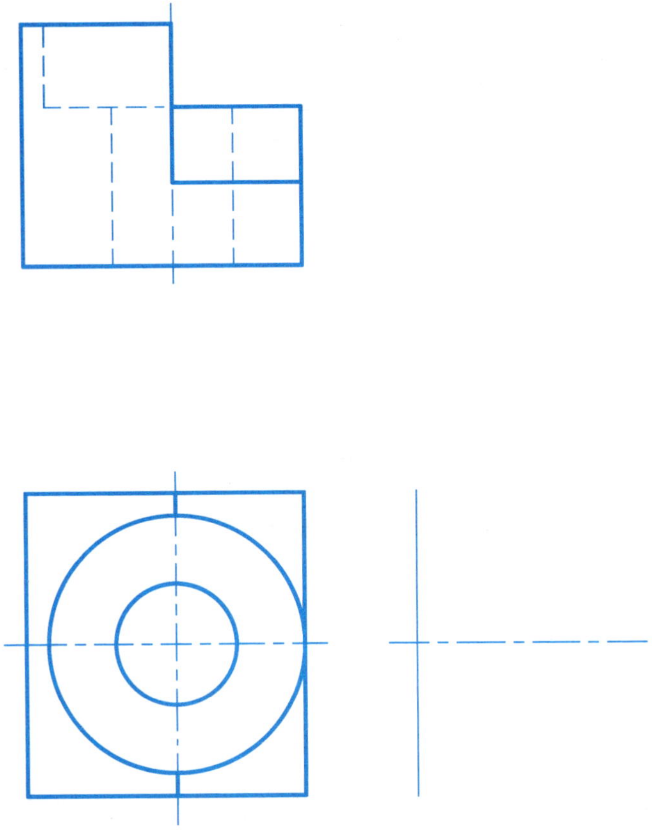

(2)

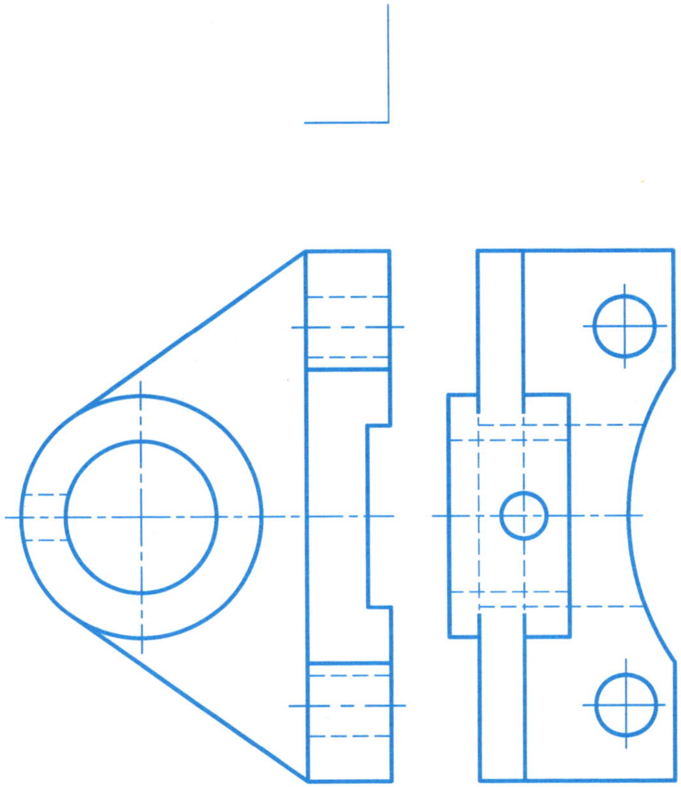

专业班级__________ 姓名__________

4-9 根据主视图，构想四个不同的组合体，画出其俯、左视图。

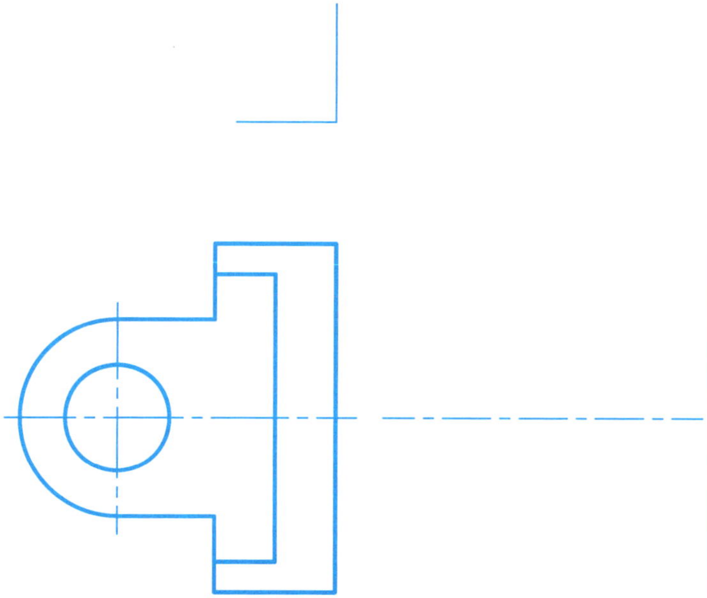

（1）

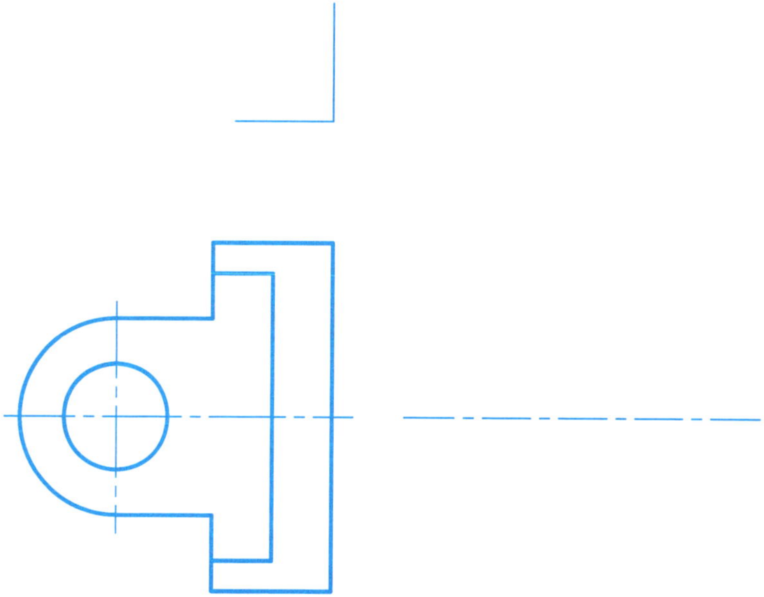

（2）

4-9（续）

(3)

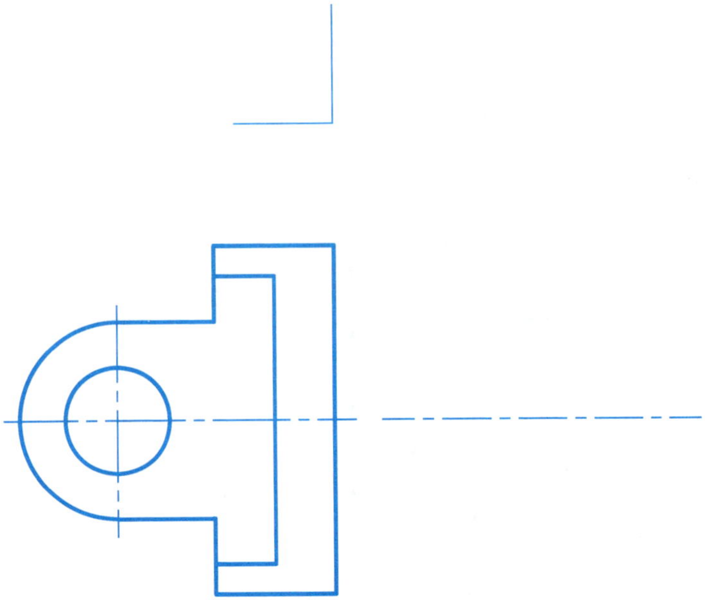

(4)

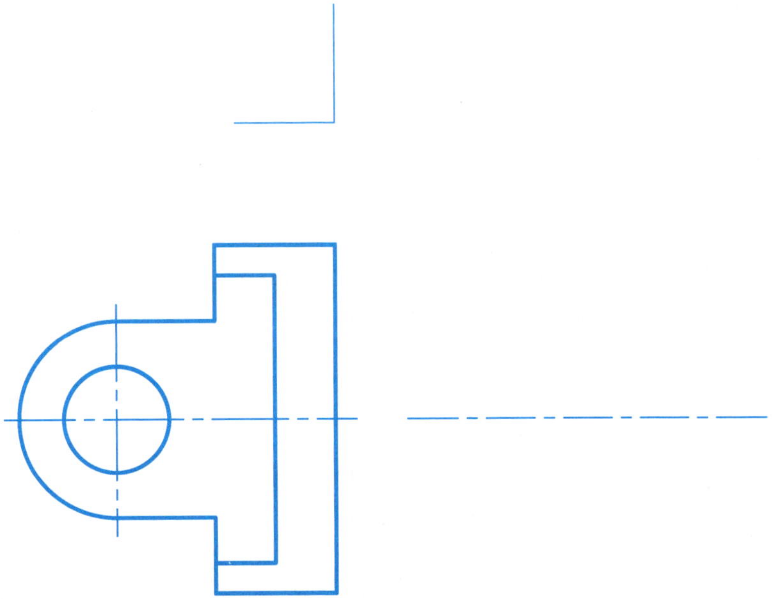

专业班级__________ 姓名__________

5-1 基本视图、向视图、局部视图和斜视图的补图练习。

(1) 参考零件的轴测图，画出其余四个基本视图。

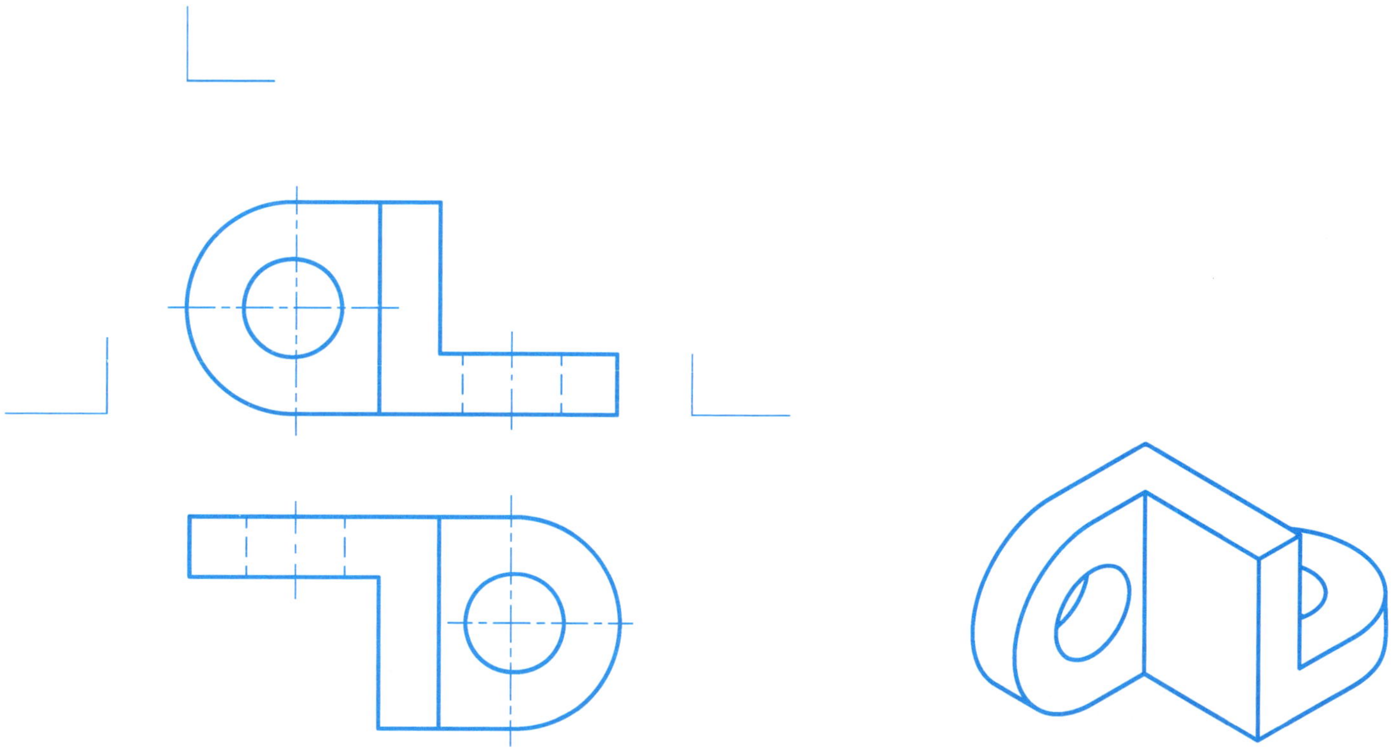

5-1(续)

(2) 画出零件的*A*向斜视图和*B*、*C*向局部视图(画在指定位置)。

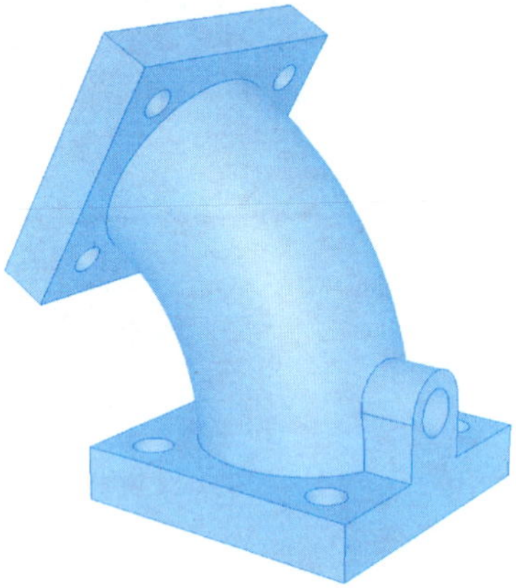

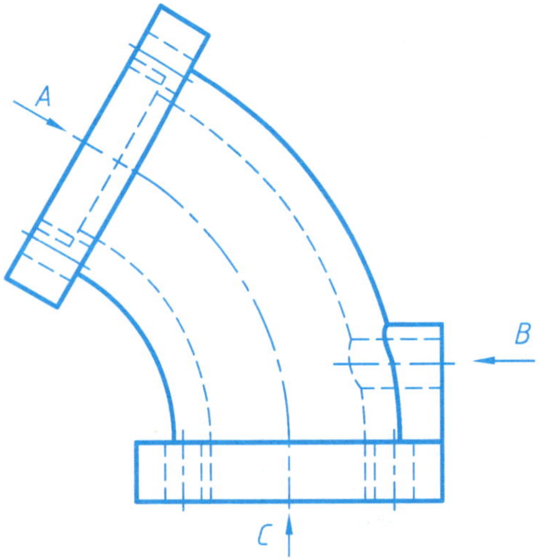

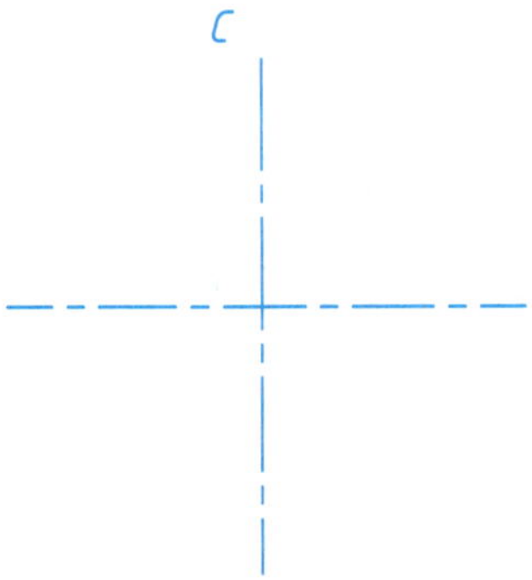

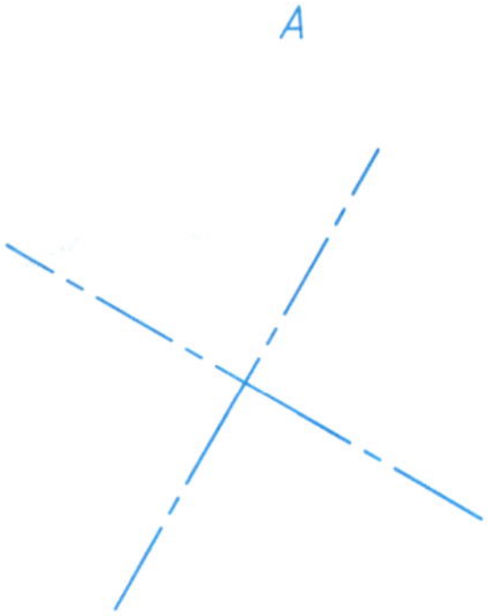

专业班级__________ 姓名__________

5-2 补画剖视图中所缺的轮廓线及剖面线。

(1)

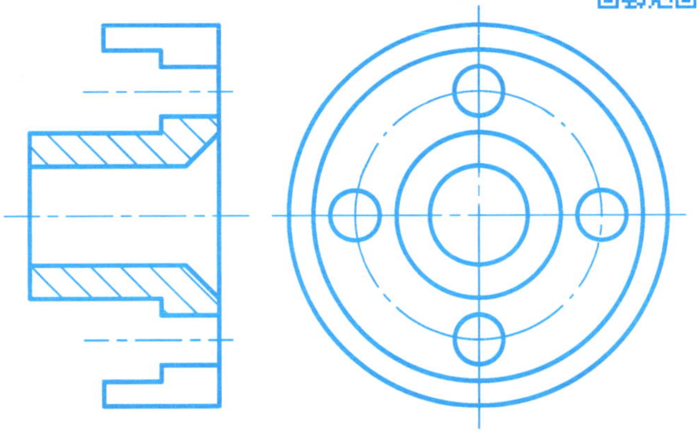

(2)

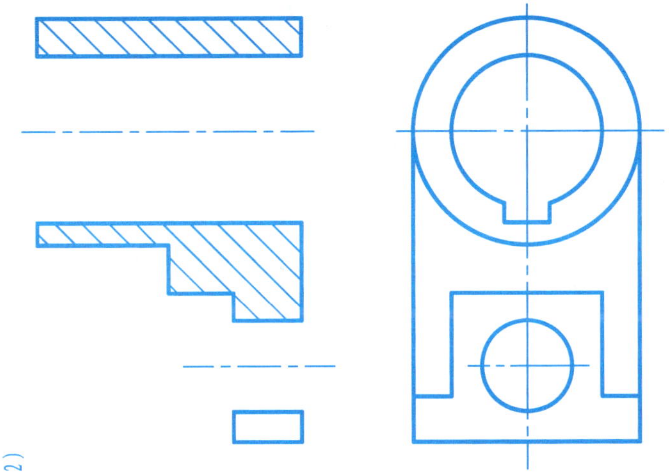

(3)

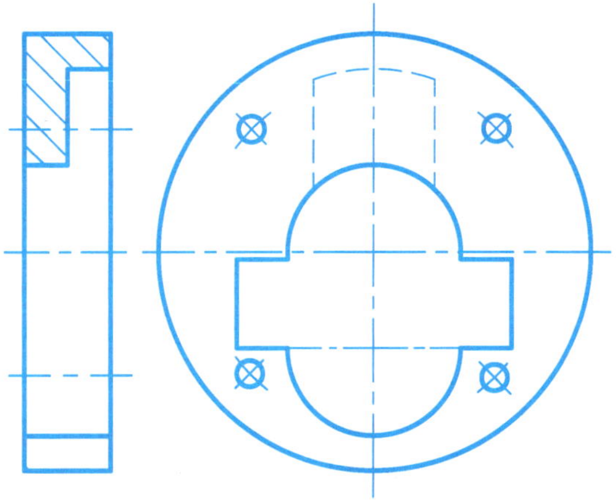

(4)

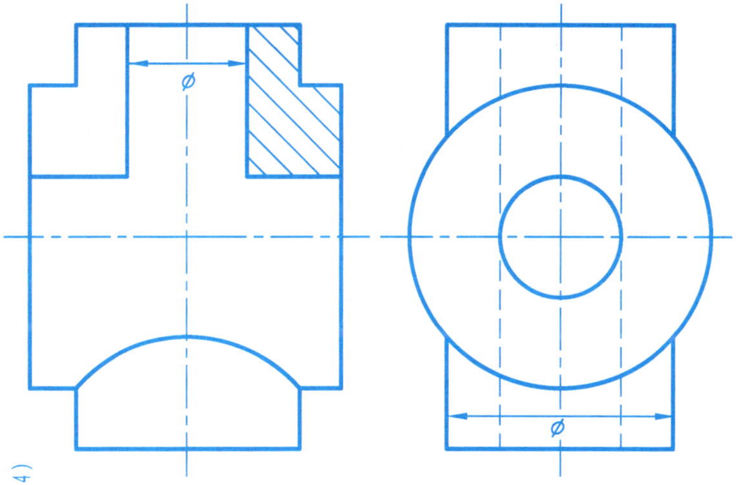

5-3 补画剖视图中所缺的轮廓线，并画出仰视图。

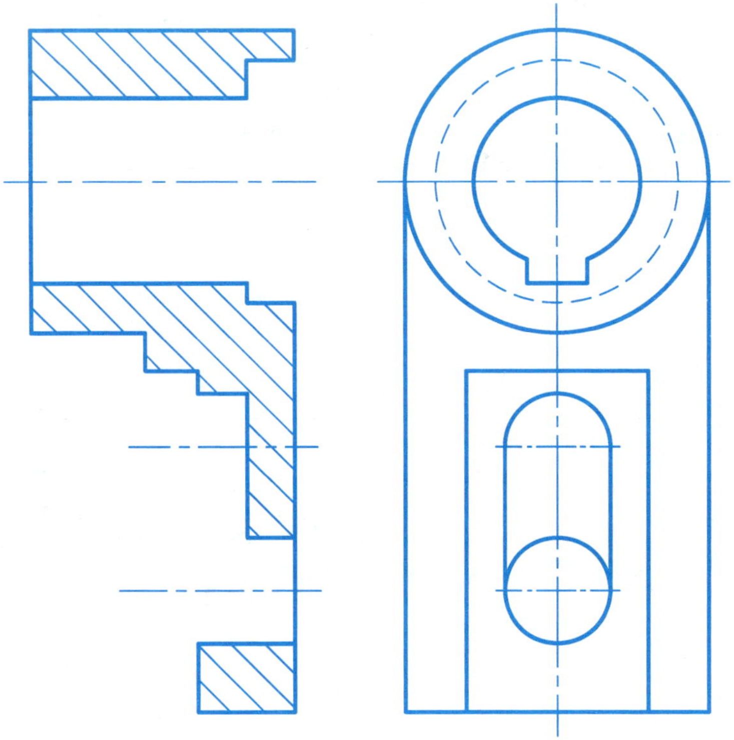

专业班级____________ 姓名____________

5-4 根据主、俯视图，判别哪个左视图是正确的（正确的在括号内用“是”回答）。

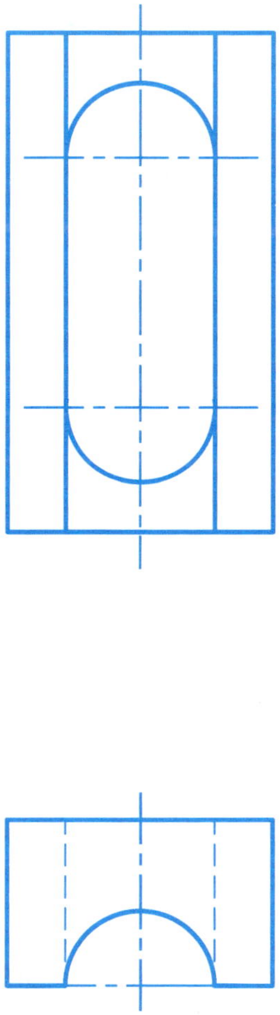

(　　)

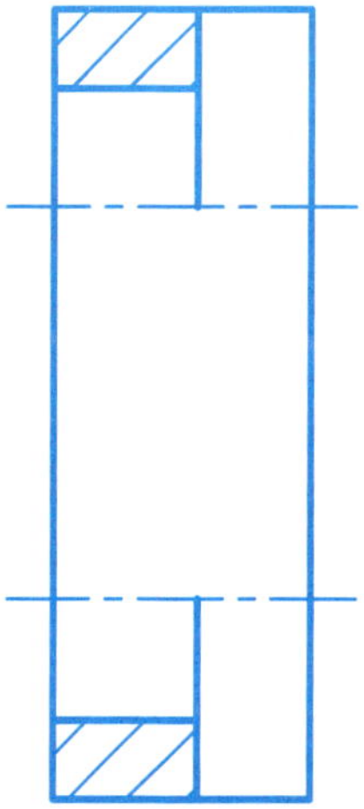

(　　)

(　　)

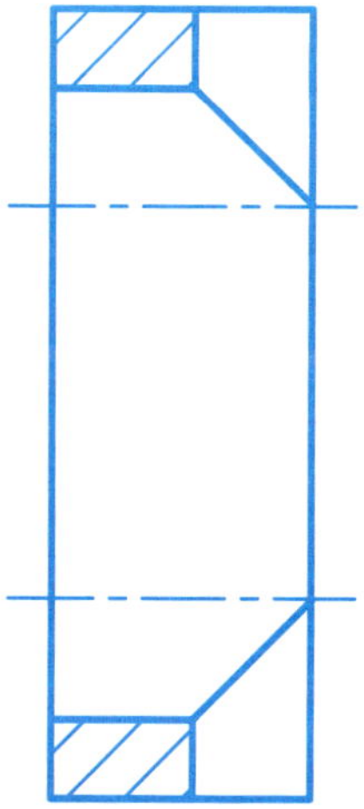

(　　)

5-5 将主视图改画成全剖视图（画在细实线框内）。

(1)

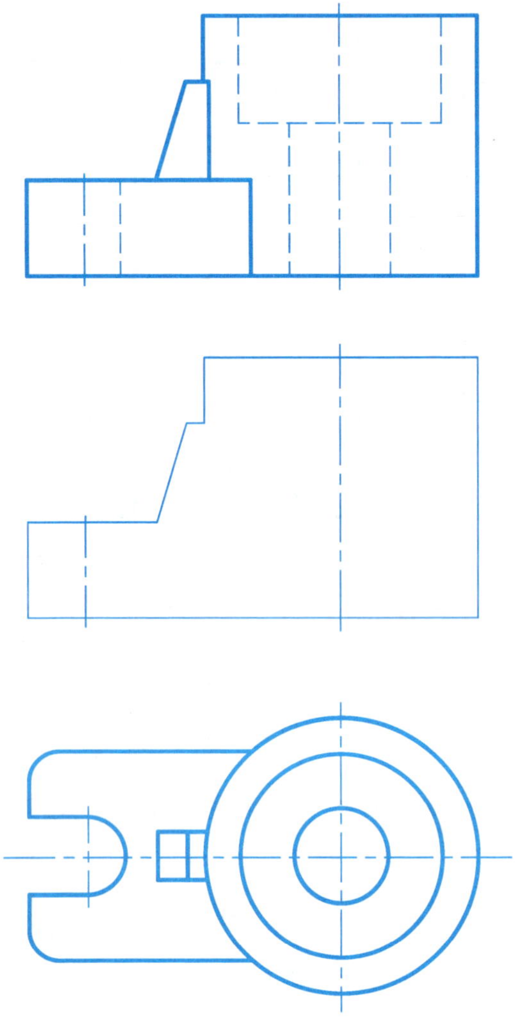

(2)

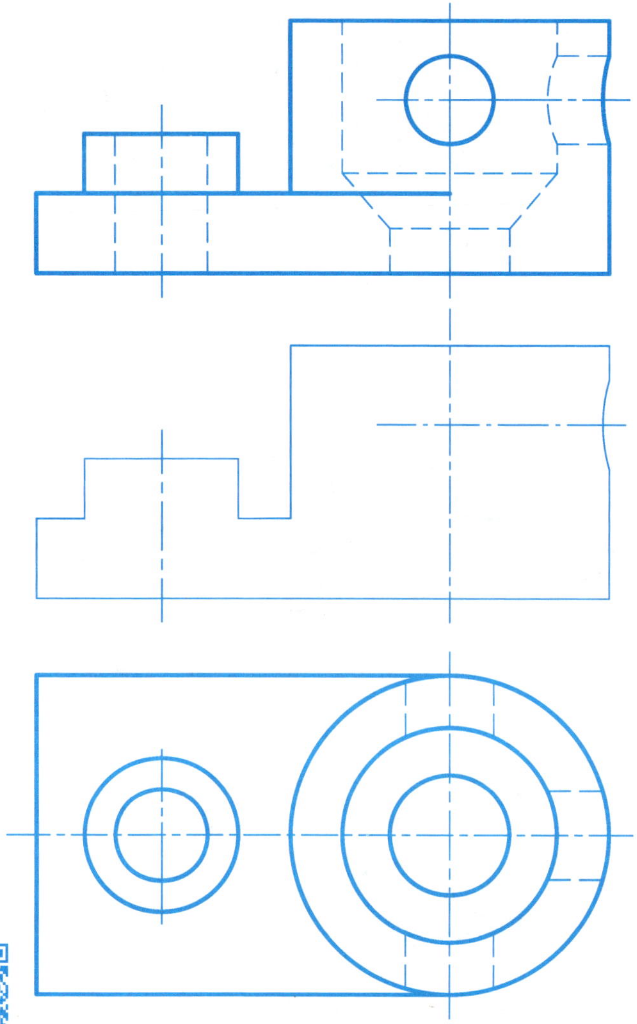

专业班级____________ 姓名____________

5-5（续）

（3）

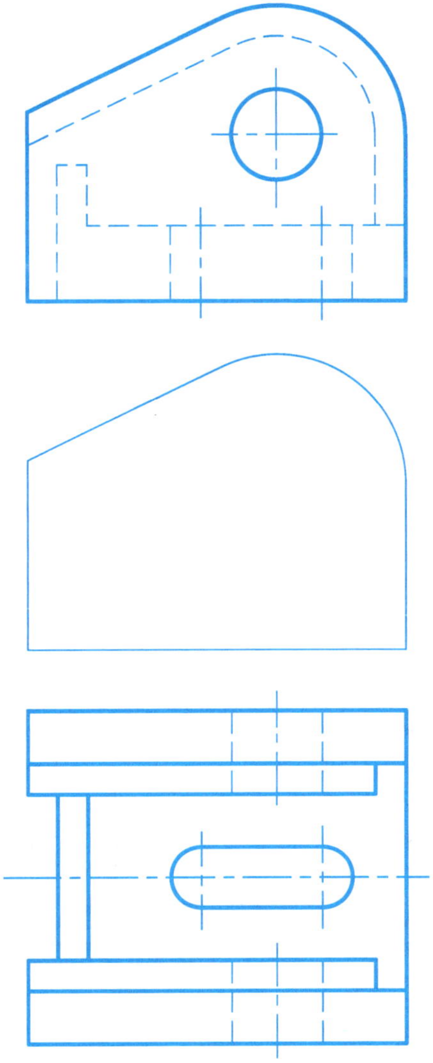

（4）

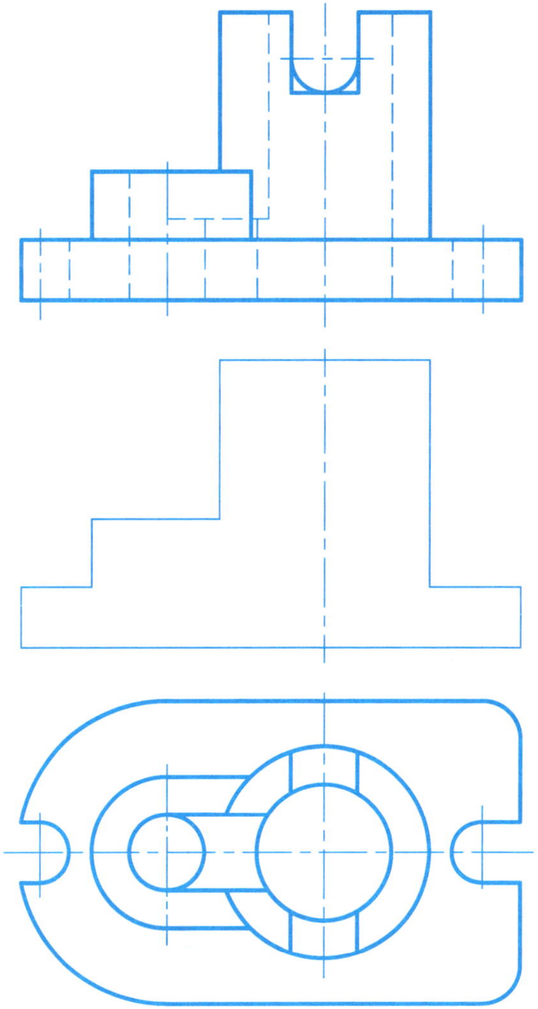

5-6 将主视图改画成半剖视图（画在细实线框内）。

(1)

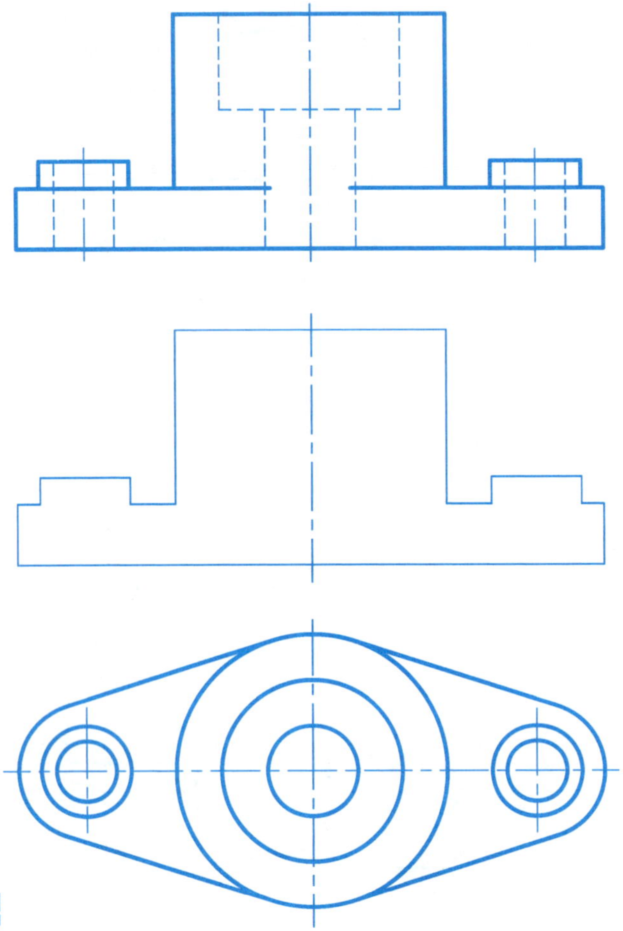

(2)

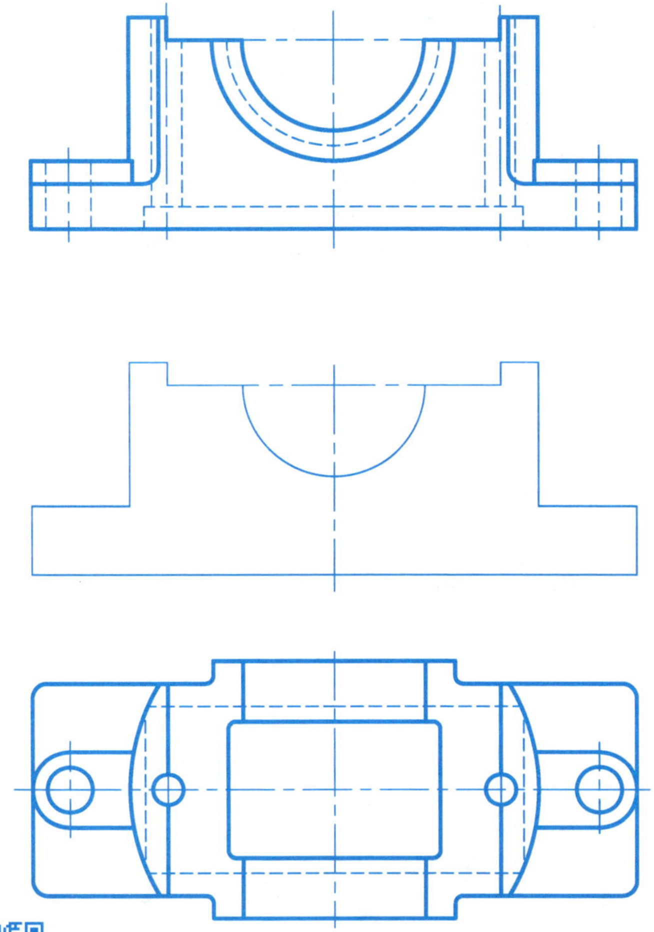

专业班级__________ 姓名__________

5-7 将主视图改画成半剖视图，并画出全剖的左视图。

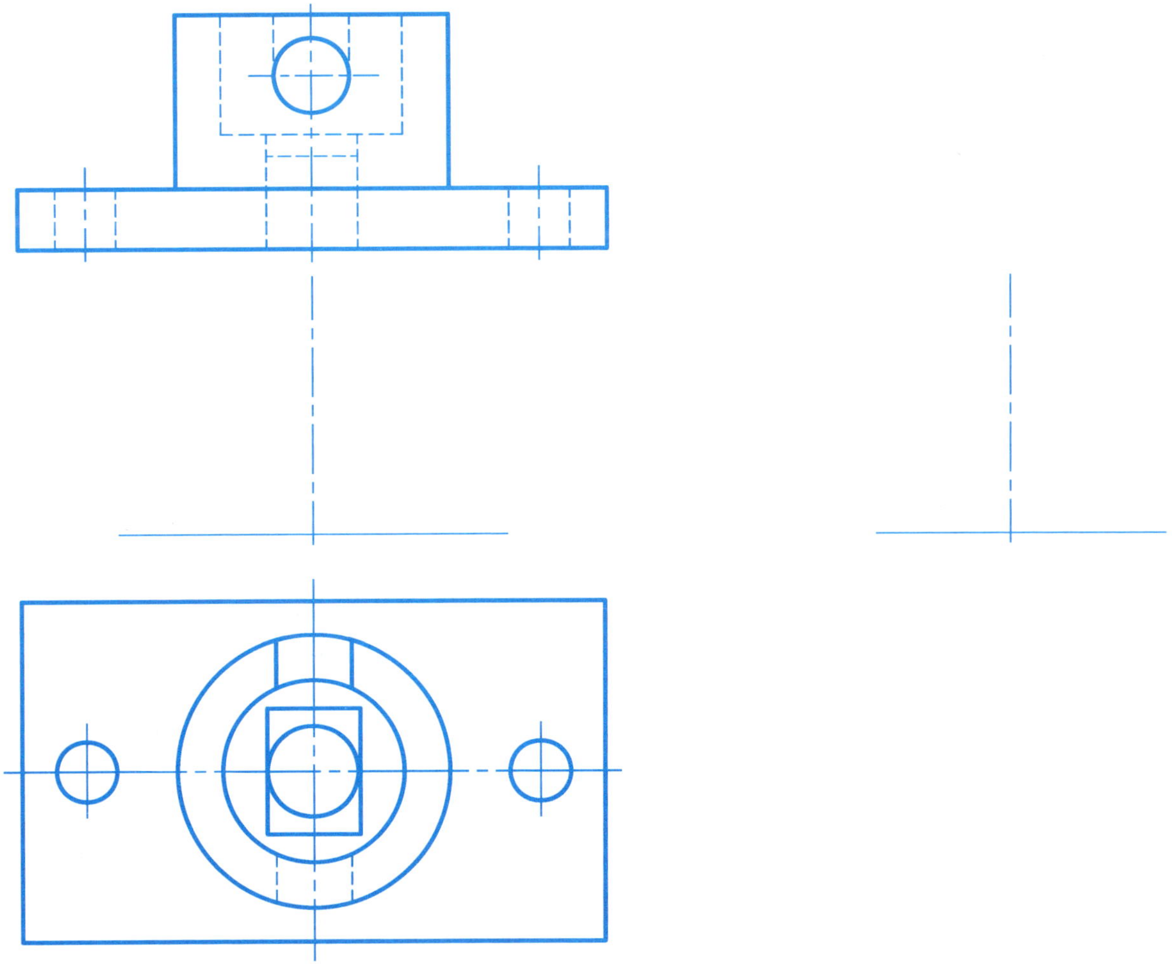

5-8 画出两组正确的局部剖视图（画在细实线框内）。

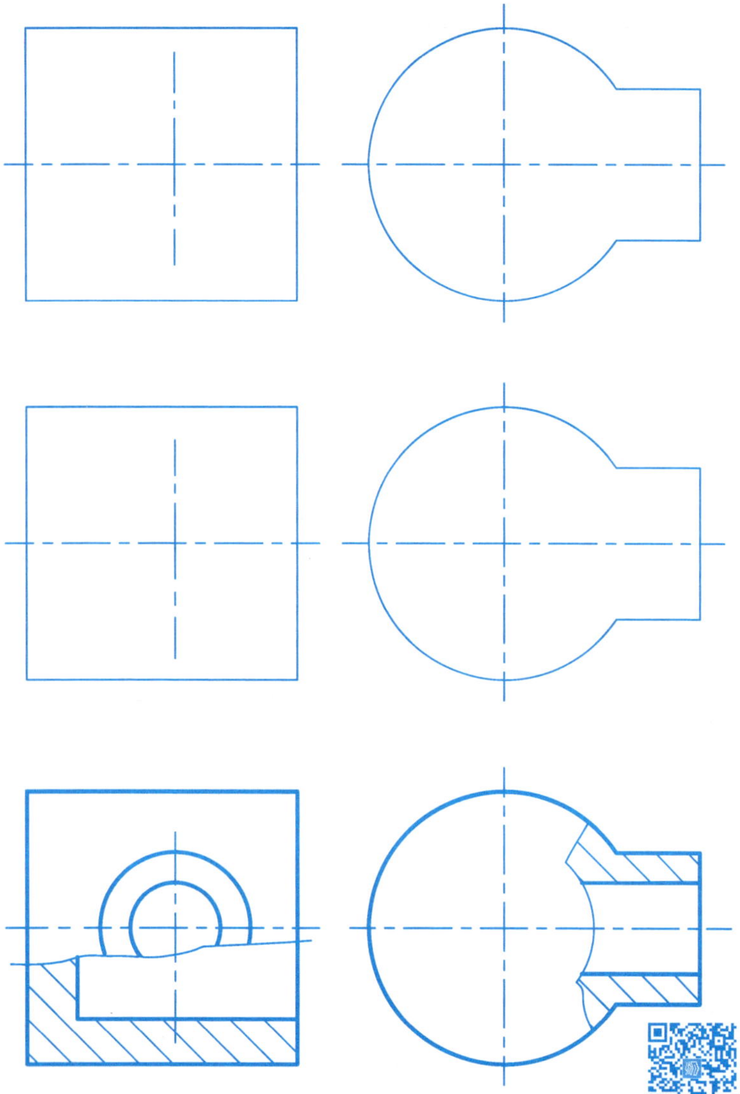

5-9 将主、俯视图改画成局部剖视图（画在指定位置）。

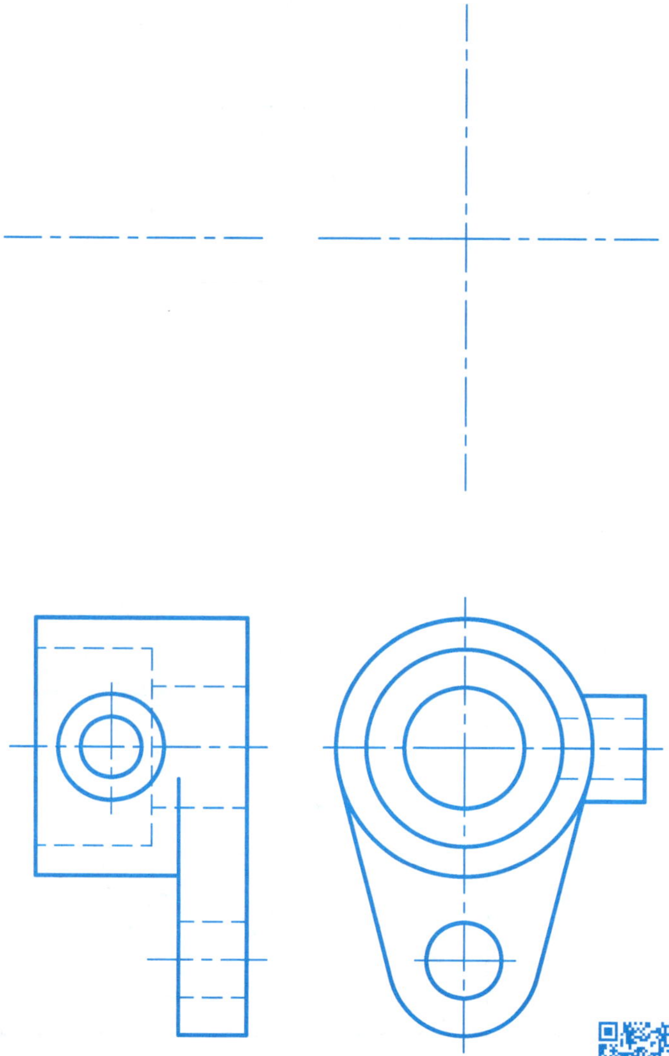

专业班级__________ 姓名__________

5-10 将主视图改画成阶梯剖视图（画在细实线框内）。

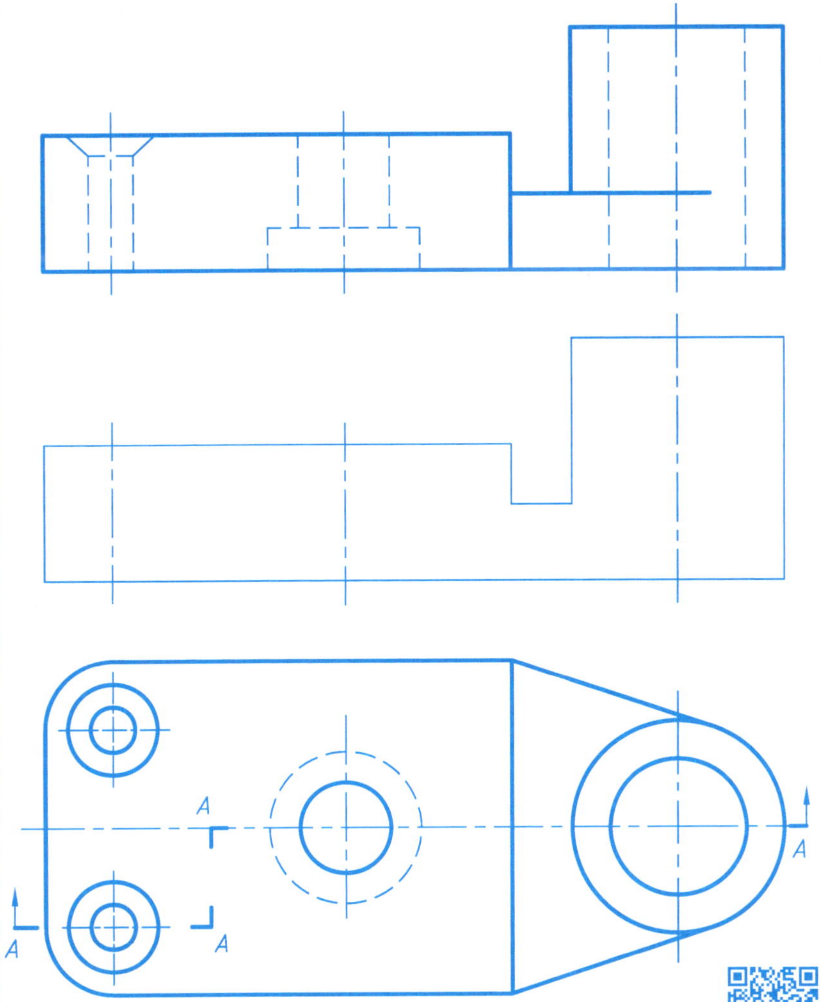

5-11 用旋转全剖视图将主视图画完整(孔都为通孔)。

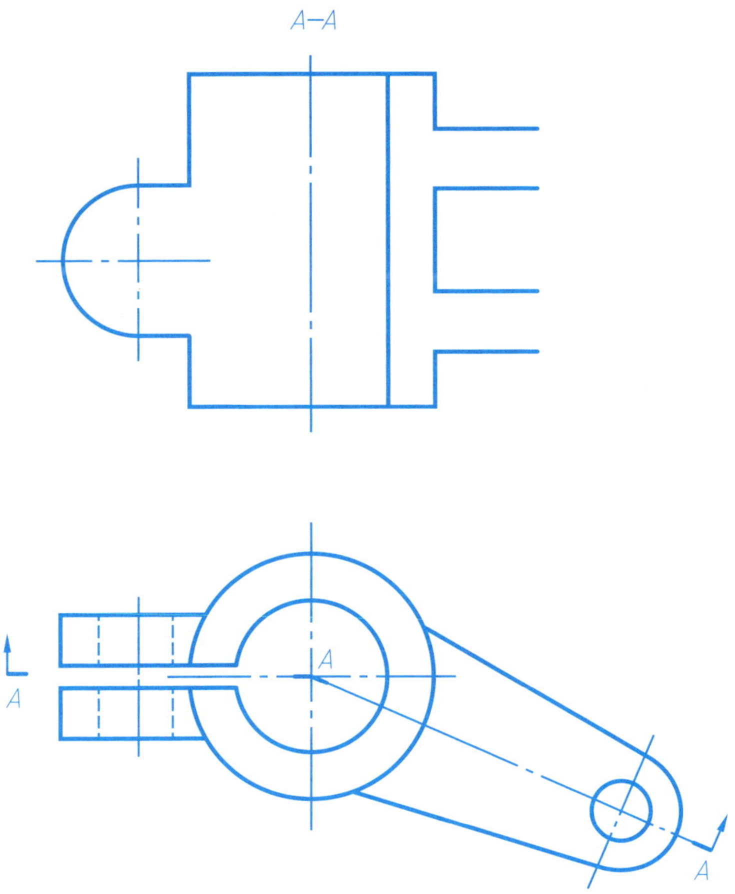

5-12 补画 *A*—*A* 斜剖视图及 *B*—*B* 剖视图（画在指定位置）。

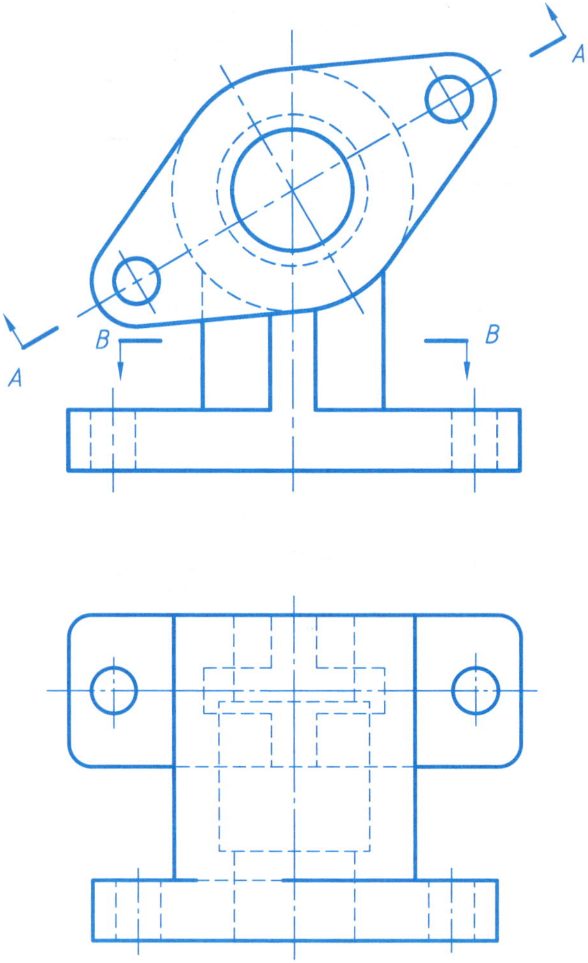

A—*A*

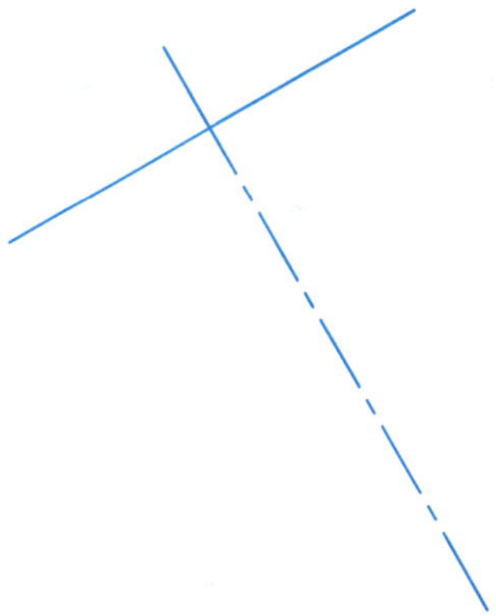

B—*B*

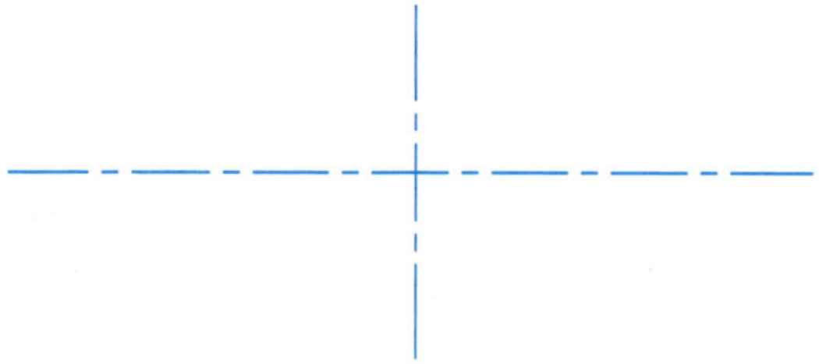

专业班级__________ 姓名__________

5-13 判断下列 *A–A* 、*B–B* 和 *C–C* 断面图的正误，用“是”或“否”回答。

(1)

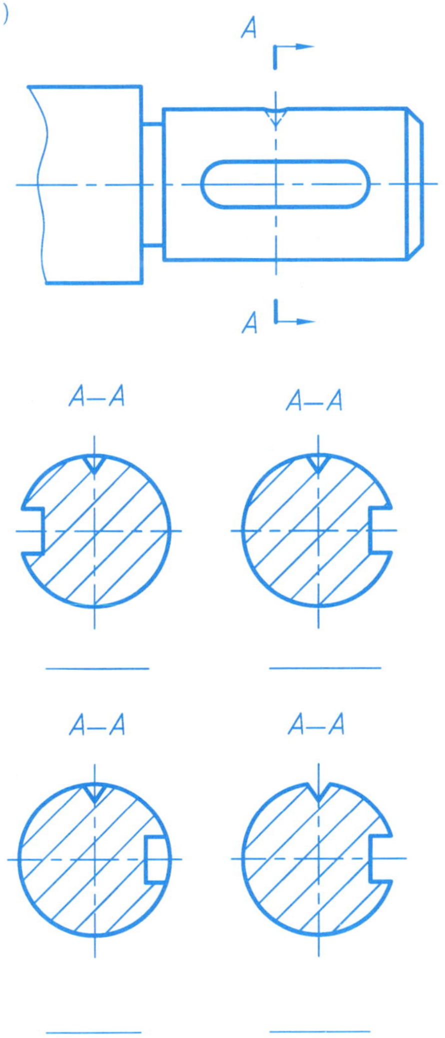

(2)

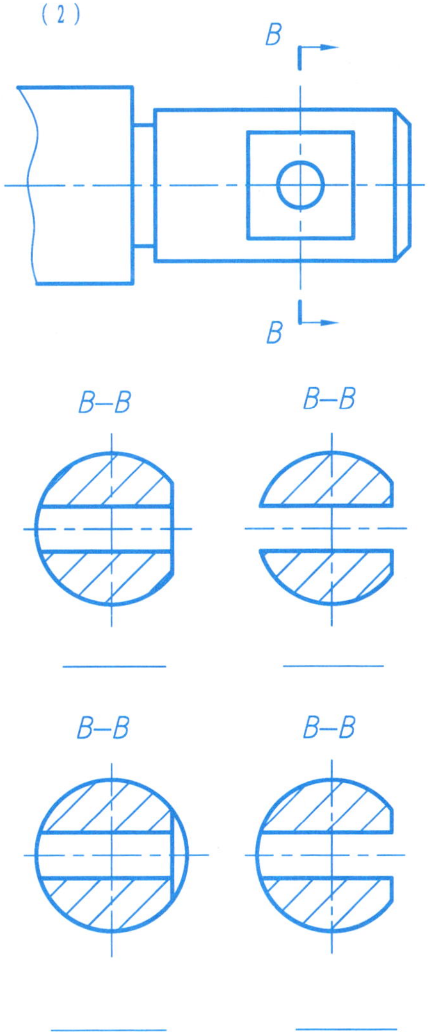

(3)

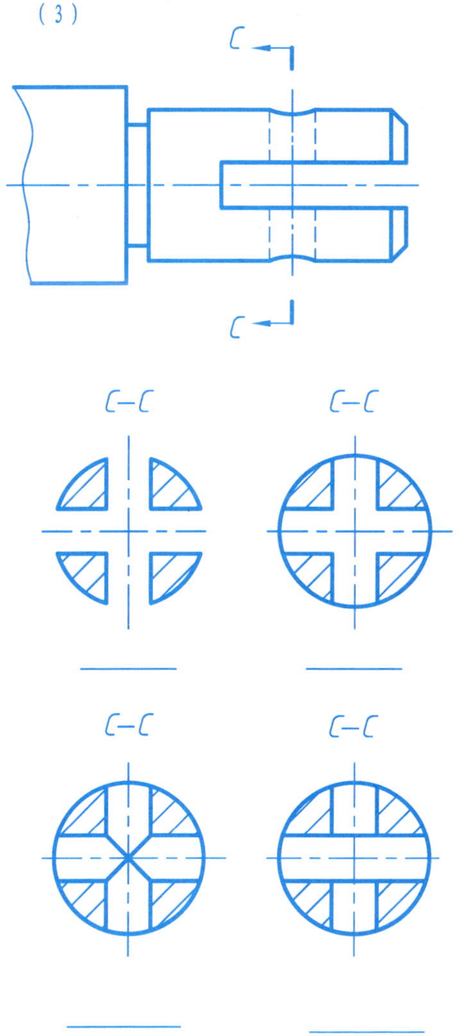

5-14 找出下列对应的断面图并加以标注。

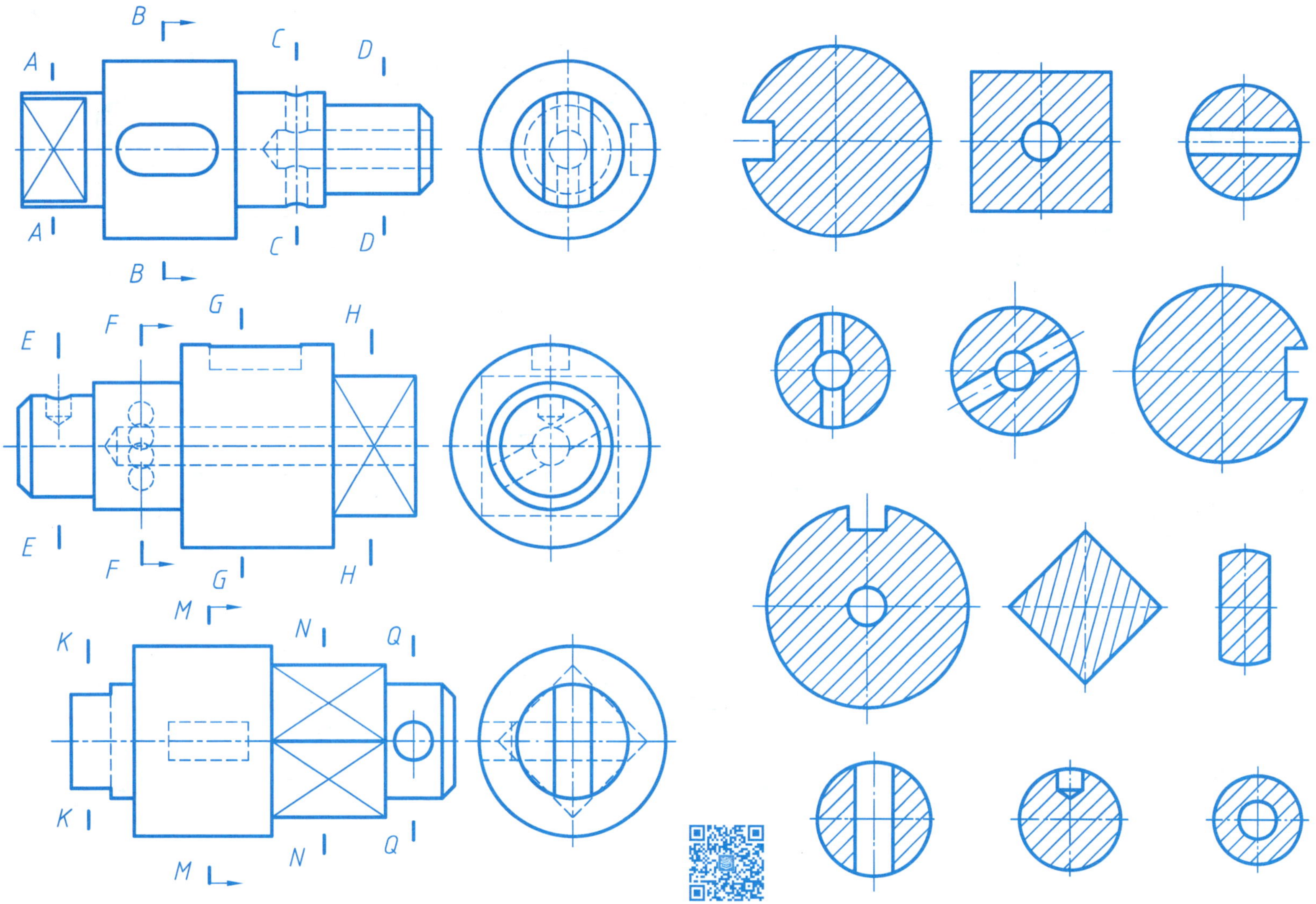

专业班级____________ 姓名____________

5-15 在指定位置上画出四个断面图。

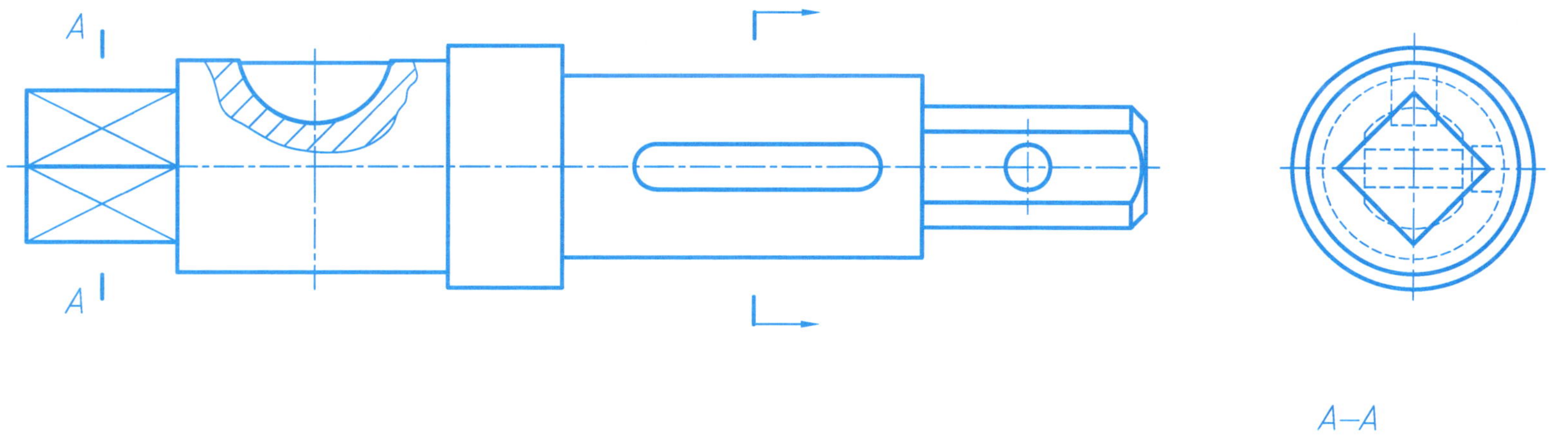

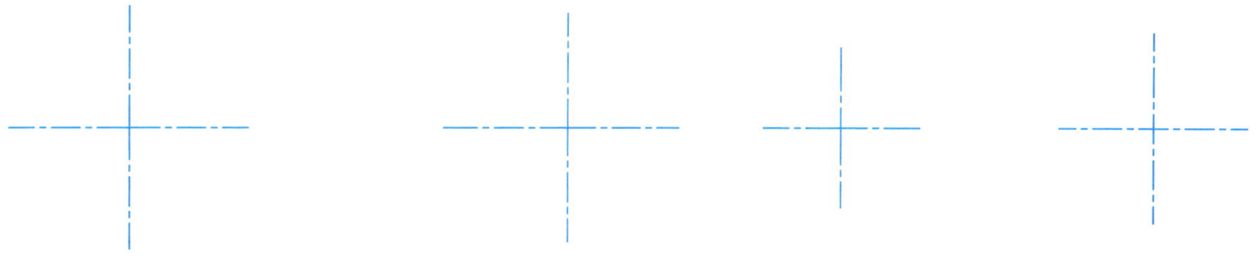

专业班级____________ 姓名____________

5-16 在两个相交剖切面迹线的延长线上作出移出断面图。

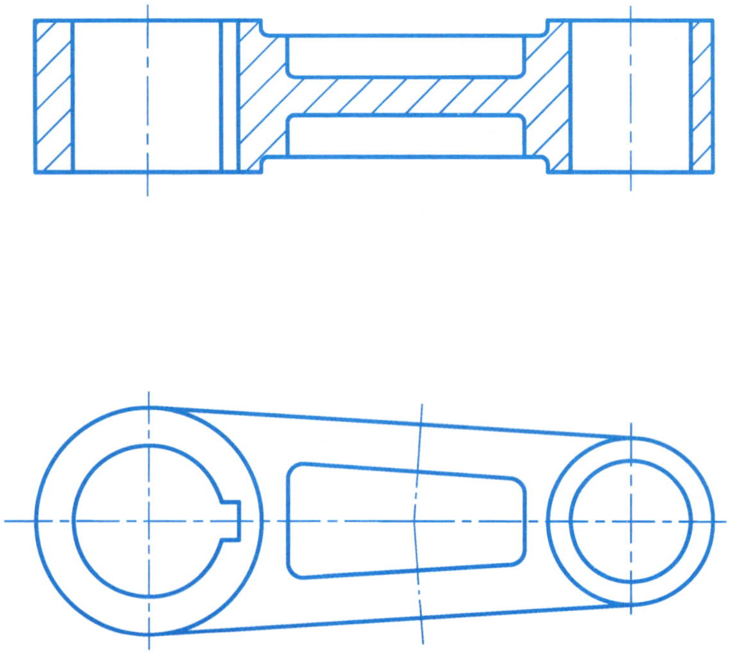

5-17 作出*B*—*B* 断面图。

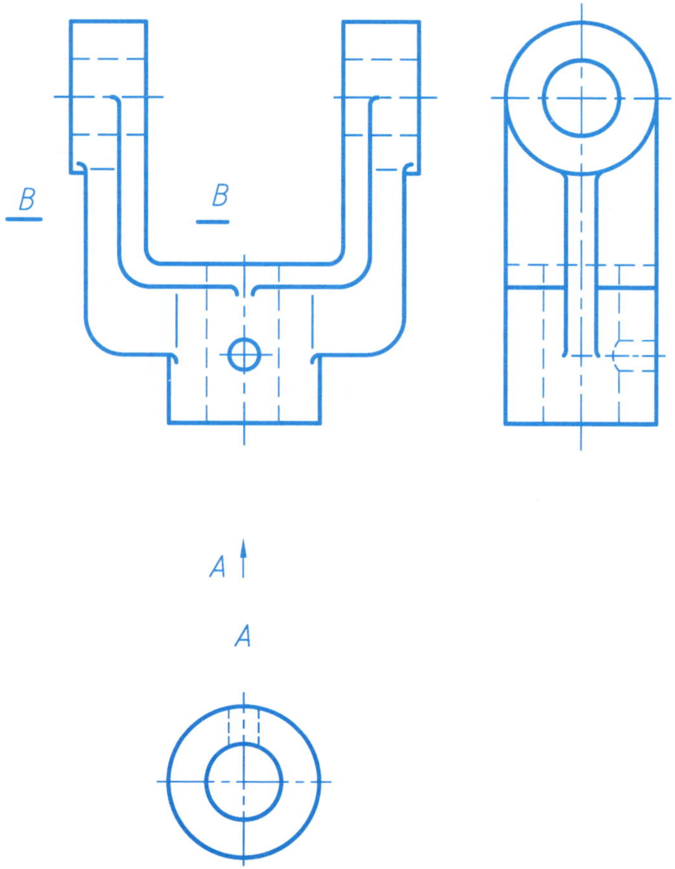

专业班级__________ 姓名__________

5-18 根据主、俯两视图，判别哪个 *A—A* 剖视图是正确的（正确的在括号内用“是”回答）。(5-19见书后插页。)

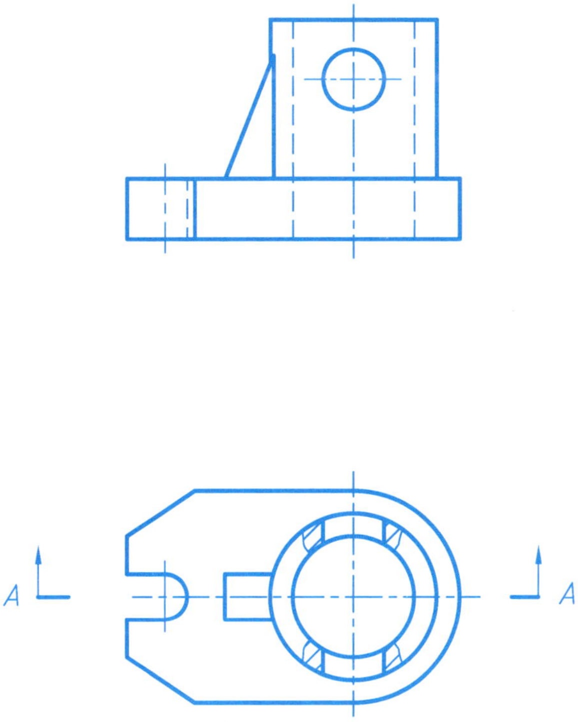

A—A

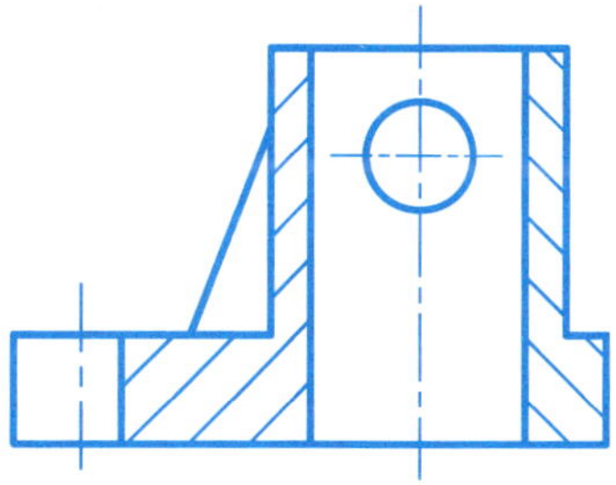

(　　)

A—A

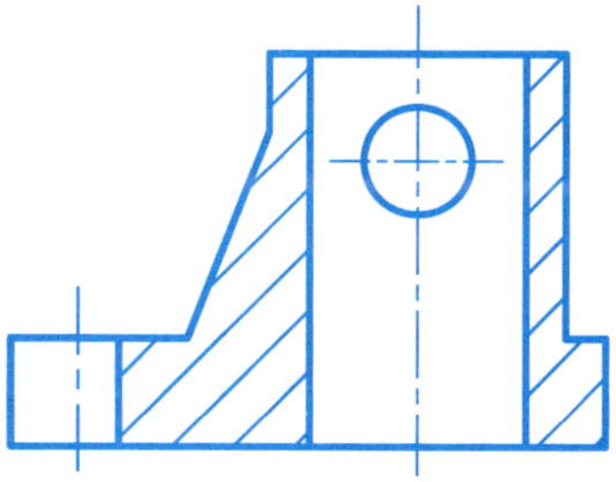

(　　)

A—A

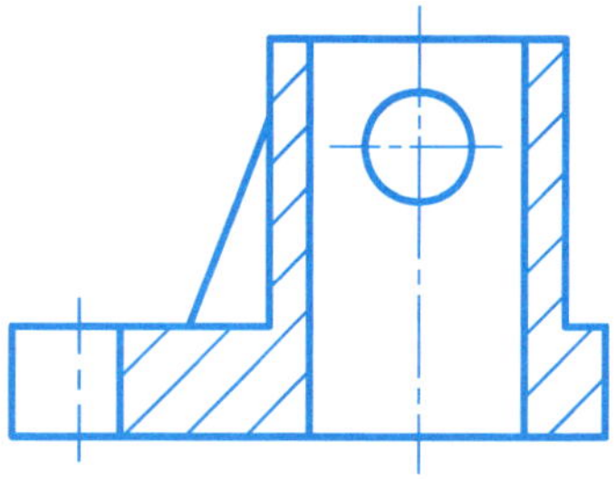

(　　)

A—A

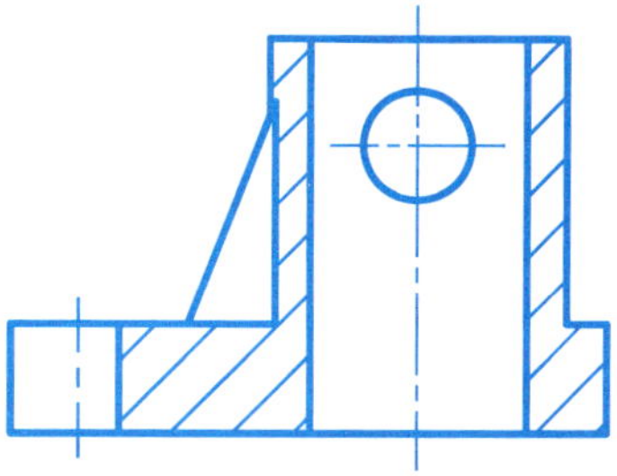

(　　)

6-1 螺纹的规定画法和标注。

（1）根据螺纹的规定画法，将下列图中引出线上的说明填写完整。

a) 外螺纹的画法

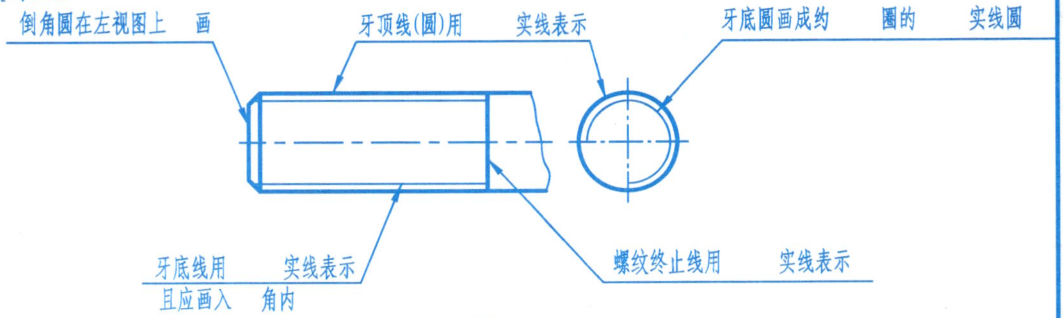

（a）不剖

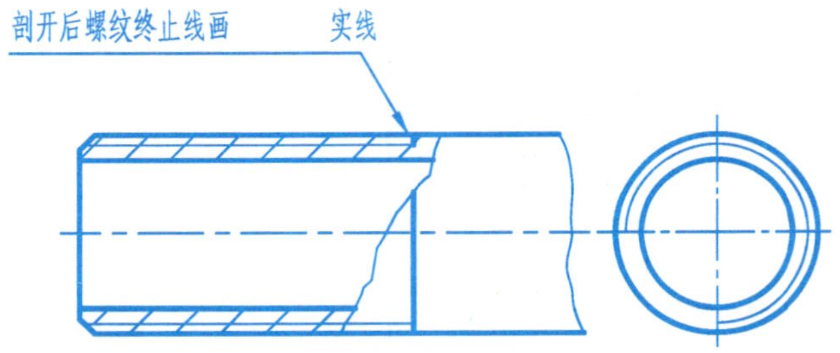

（b）剖切

b) 内螺纹的画法

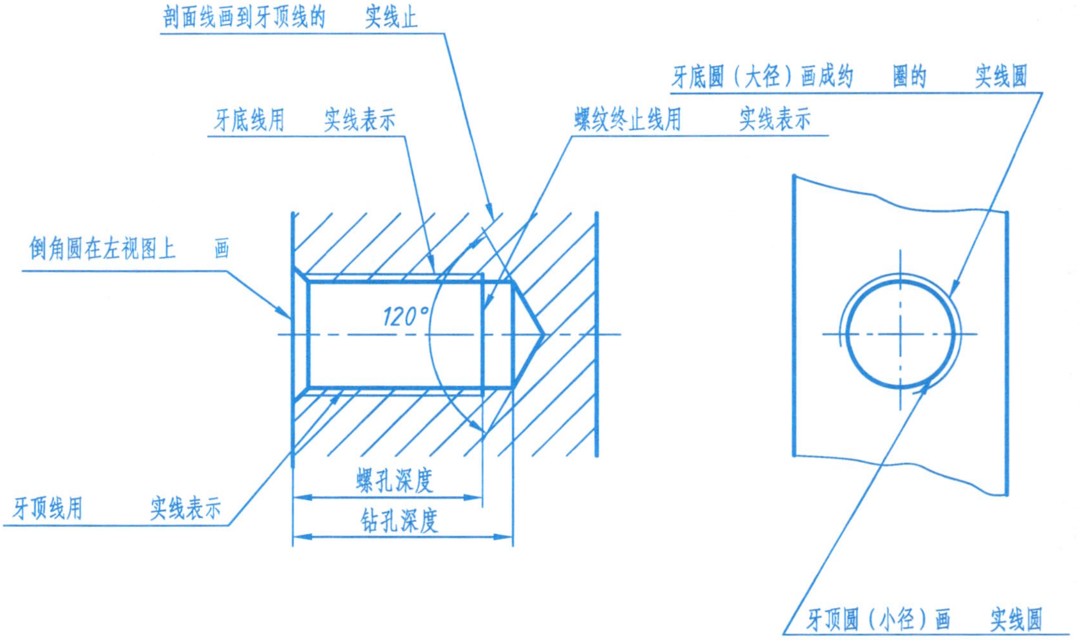

专业班级＿＿＿＿　姓名＿＿＿＿

6-1(续)

c) 螺纹连接的画法

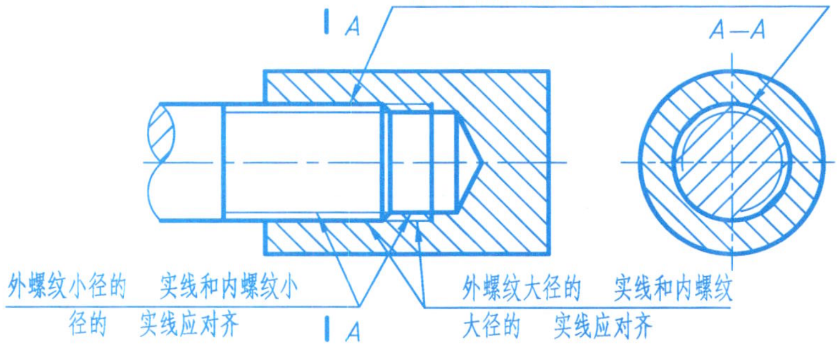

在剖视图中内、外螺纹连接的画法

(2) 根据给定的螺纹要素，对螺纹进行标注。

a) 粗牙普通螺纹，大径20 mm，螺距2.5 mm，单线右旋，螺纹的中径、小径公差带代号为6g，中等旋合长度。

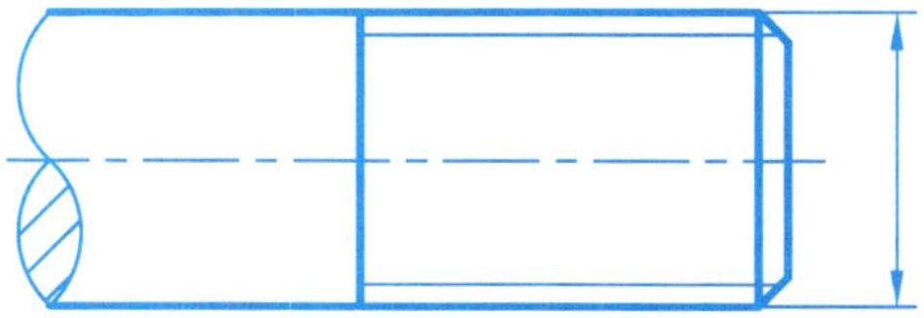

b) 梯形螺纹，公称直径24 mm，螺距5 mm，双线左旋，中径公差带代号为7e，长旋合长度。

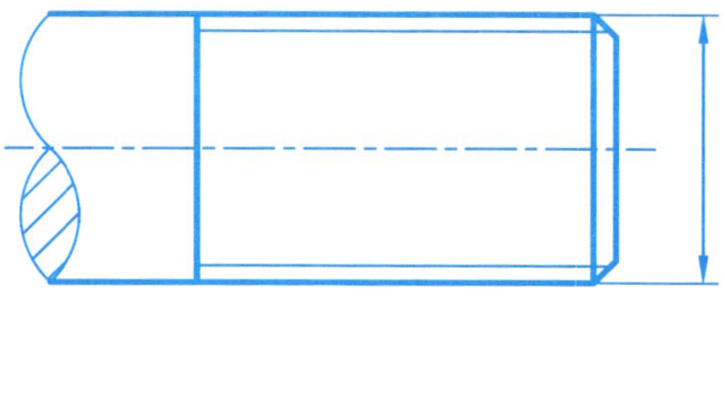

c) 两个55°非密封管螺纹，尺寸代号为1，外螺纹公差等级代号为A。

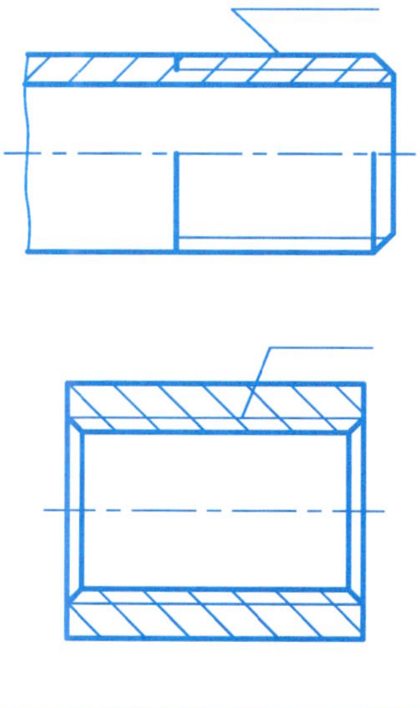

(3)说明下列螺纹规定代号的含义。

a)

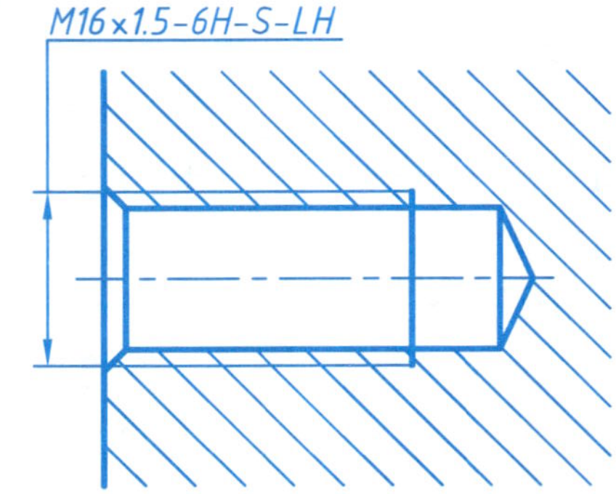

含义：

M16×1.5是______普通螺纹，大径为______mm，螺距为______mm，单线，螺纹中径、顶径公差带代号均为______，S表示______旋合长度，______旋。

b)

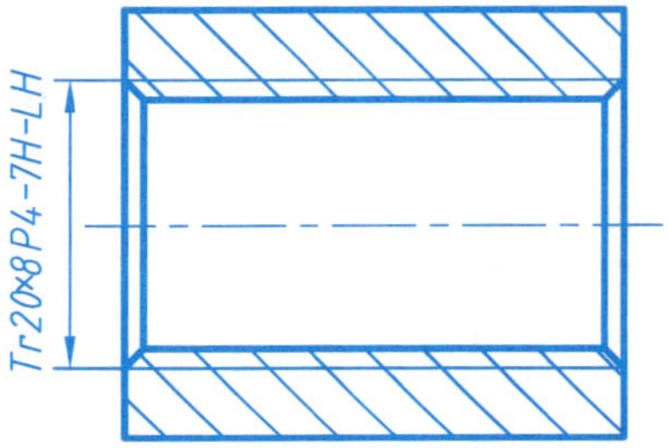

含义：

Tr表示______螺纹，公称直径为______mm，螺距______mm，线数______，中径公差带代号为______，______旋合长度，旋向______。

c)

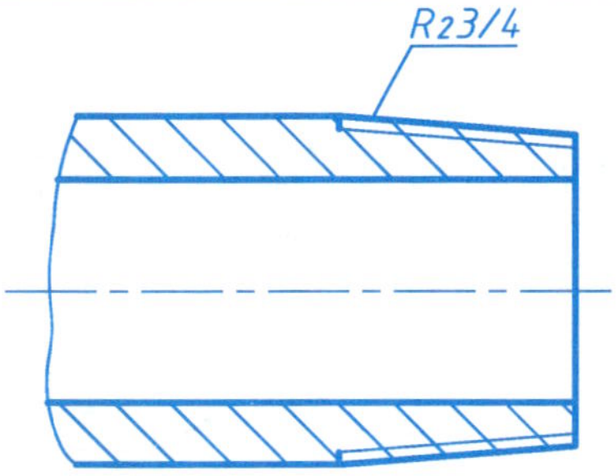

含义：

R_2是圆锥______螺纹特征代号，尺寸代号为______，旋向______，该螺纹属于______密封管螺纹，螺距为______mm，大径为______mm，小径为______mm。

d)

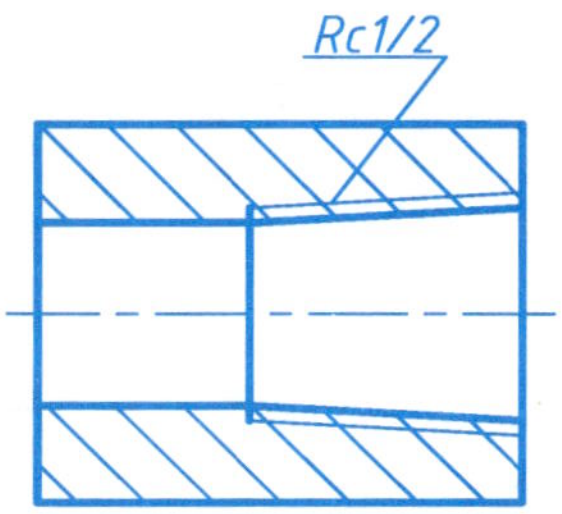

含义：

Rc是圆锥______螺纹特征代号，尺寸代号为______，旋向______，该螺纹属于______密封管螺纹。

专业班级______ 姓名______

6-2 螺纹紧固件的画法和规定标记。

查表确定下列螺纹紧固件的尺寸，并写出其规定标记。

(1) 六角头螺栓

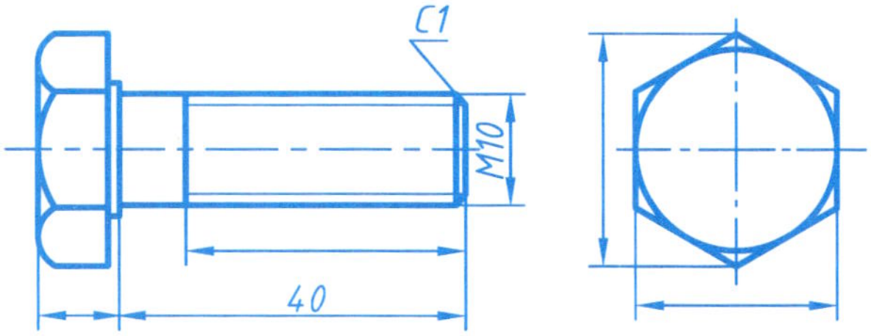

规定标记 ____________

(2) 双头螺柱

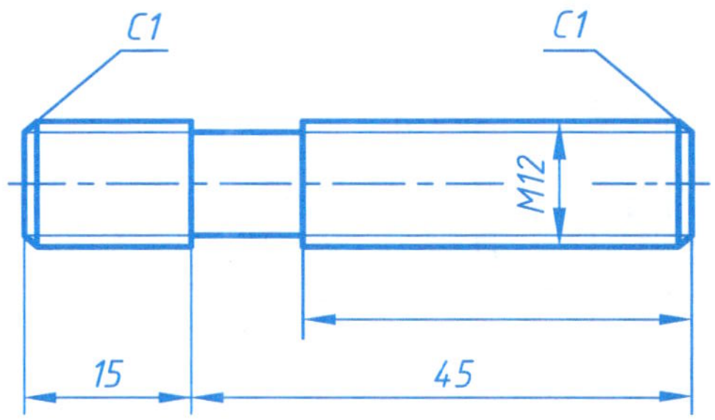

规定标记 ____________

(3) 开槽沉头螺钉

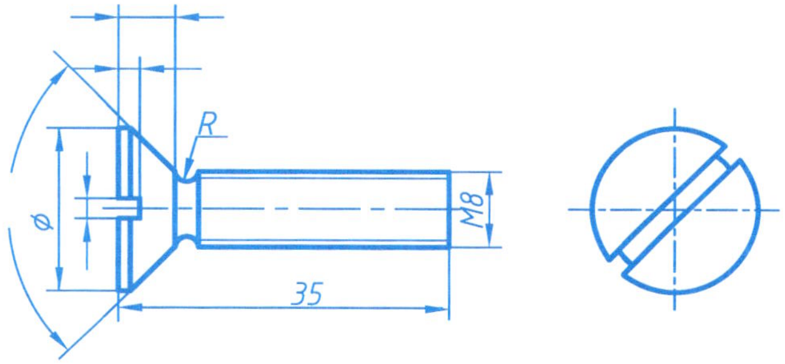

规定标记 ____________

(4) 开槽长圆柱端紧定螺钉

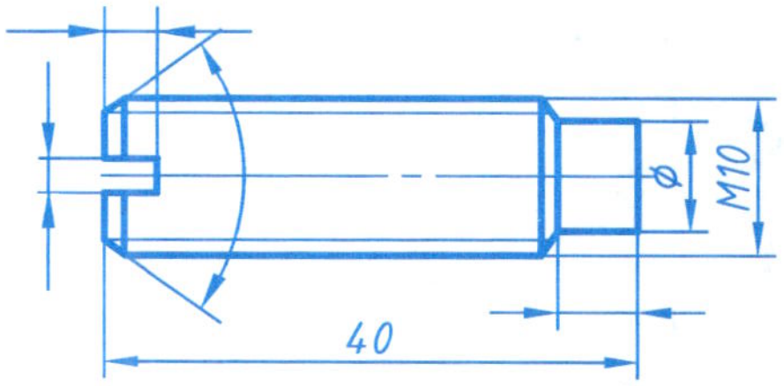

规定标记 ____________

(5) 1型A级六角螺母

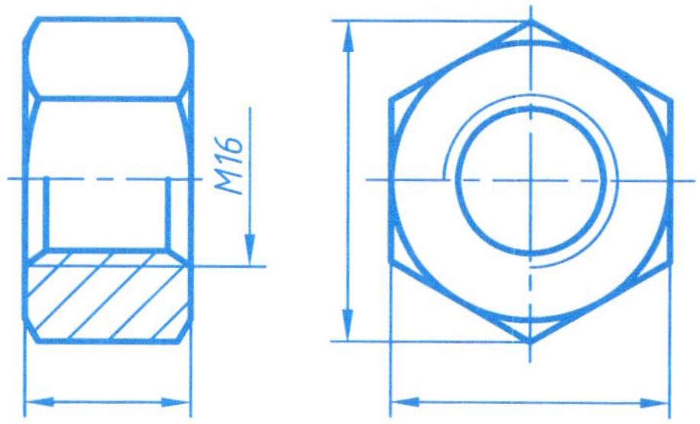

规定标记 ____________

(6) 平垫圈（公称直径为12）

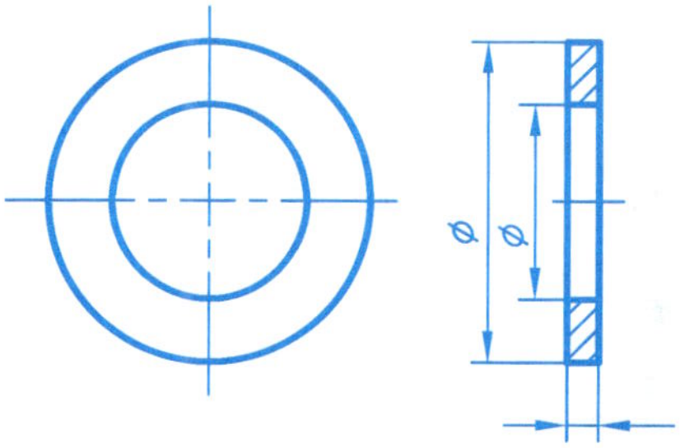

规定标记 ____________

6-3 螺纹紧固件的连接画法。

(1) 已知螺栓、螺母、垫圈如下图（右）所示，试完成件 1 、件 2 被连接后的主、俯视图。

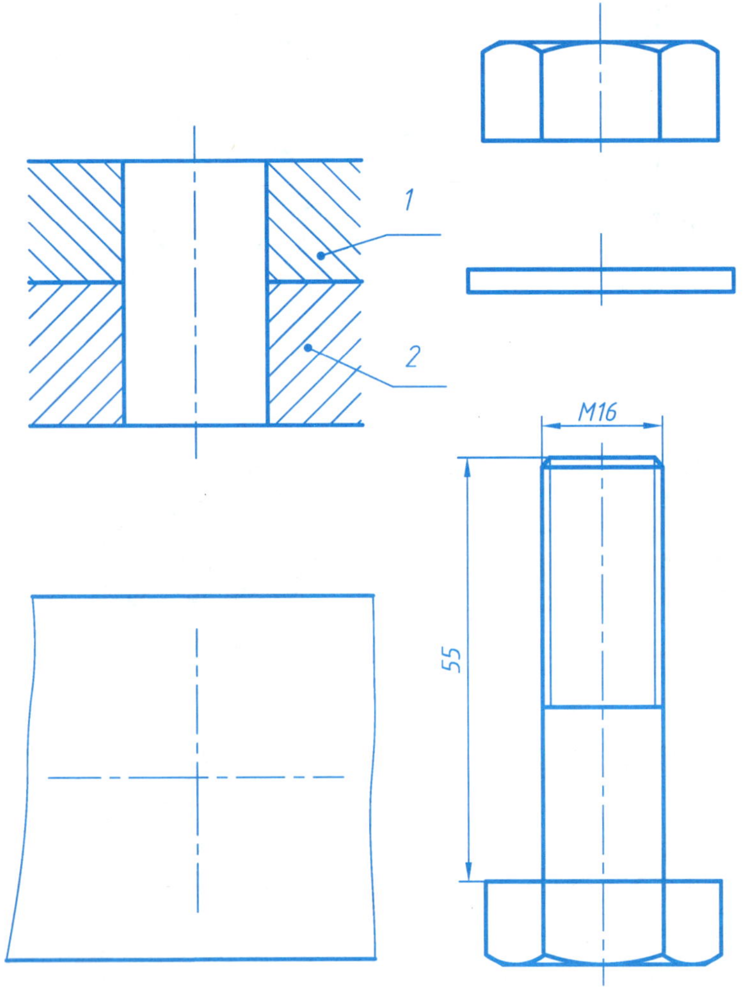

(2) 用M16双头螺柱将件 1 与件 2 连接起来，件 2 材料为钢，试完成连接后的主、俯视图（主视图全剖）。

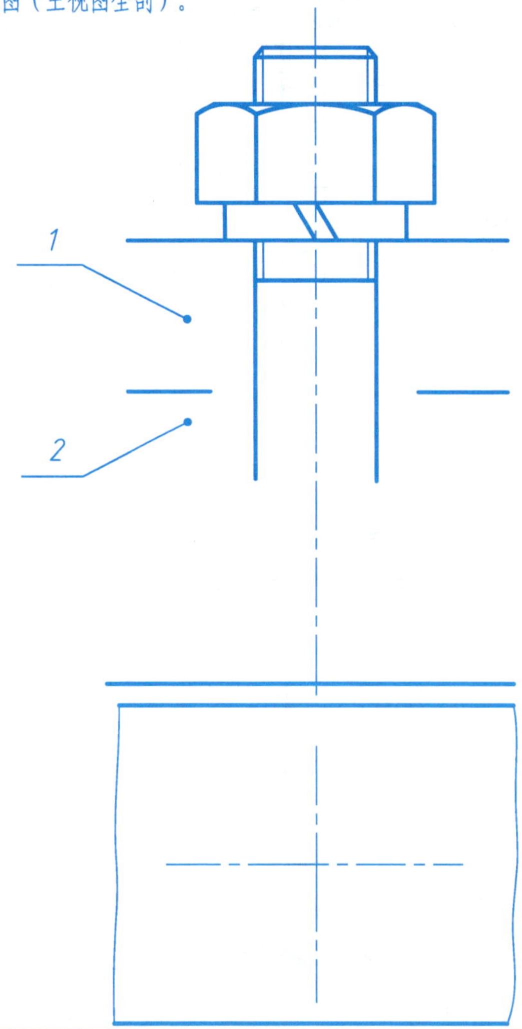

专业班级__________ 姓名__________

6-4 键连接、销连接的画法。

(1) 已知齿轮和轴用普通A型平键连接，键宽$b=8$ mm、高度$h=7$ mm、键长$L=36$ mm，查表确定轴上键槽t_1和轮毂键槽t_2的尺寸数值，用1∶1的比例补全下列图形，并在指定位置填空。

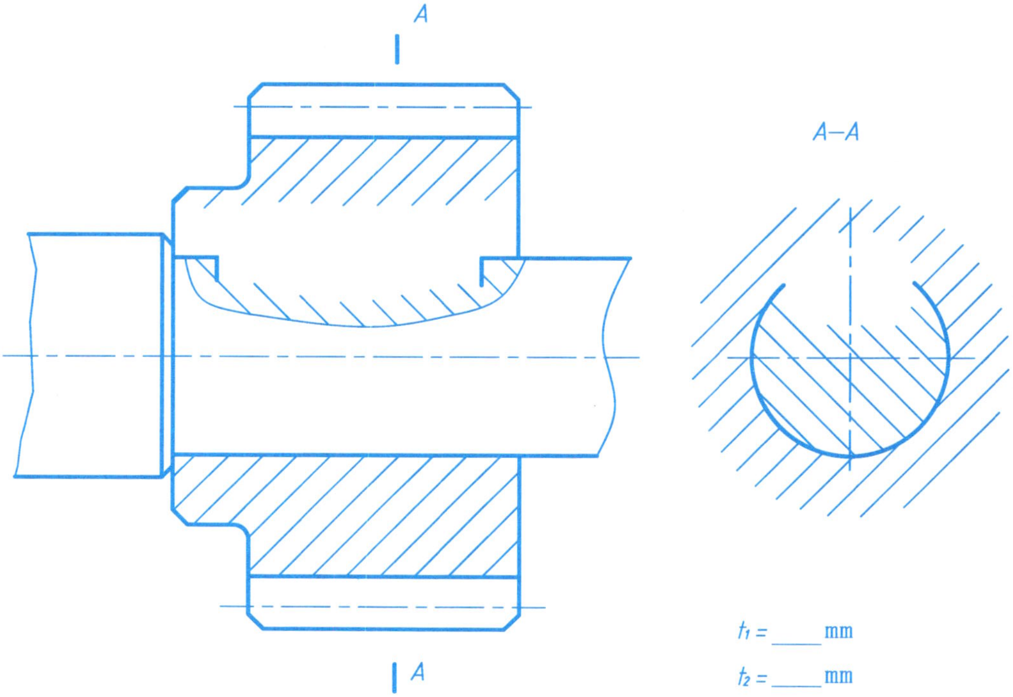

$t_1=$____ mm

$t_2=$____ mm

(2) 在给定位置用GB/T 119.1 6m6×40 圆柱销连接齿轮和轴，用1∶1的比例补全销连接图。

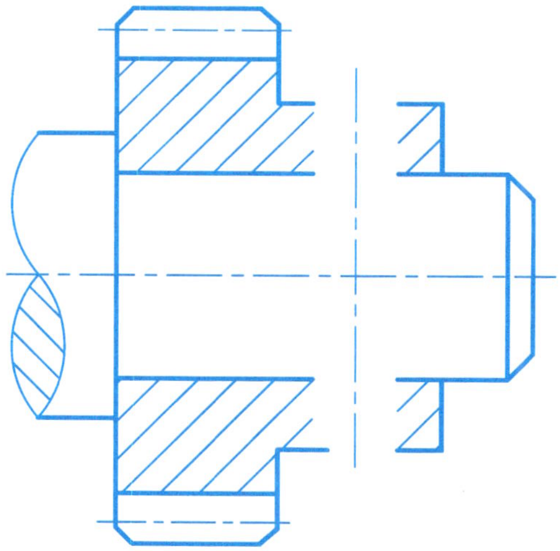

6-5 完成两个直齿圆柱齿轮的啮合图。

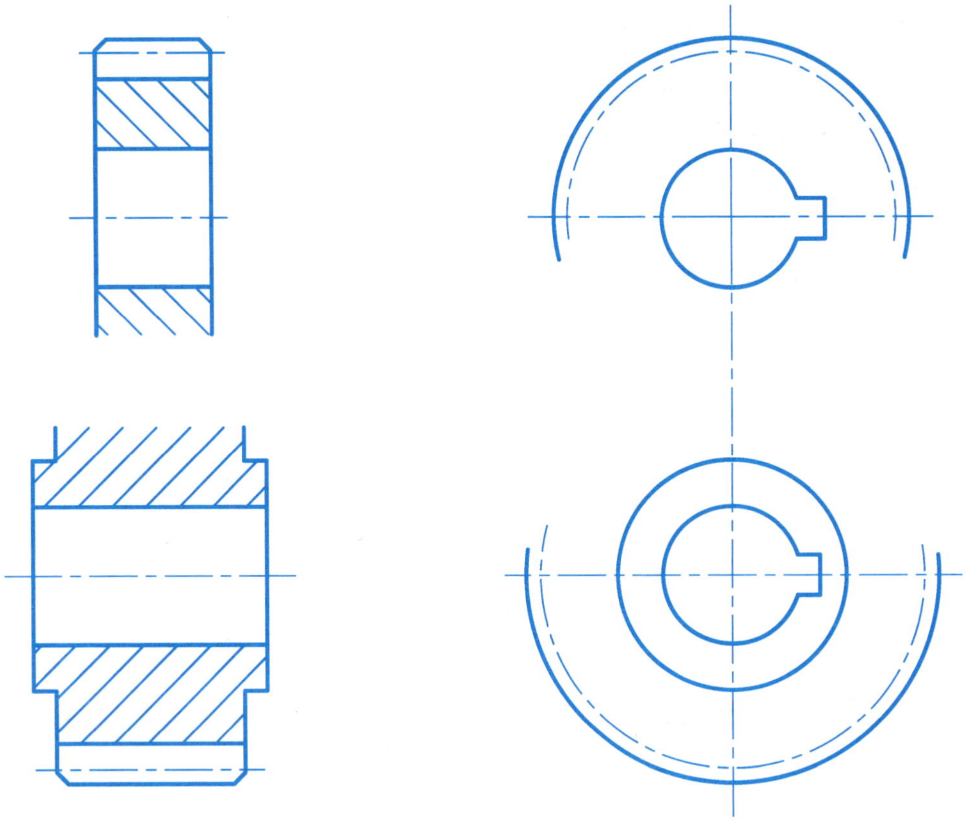

专业班级＿＿＿＿＿＿＿ 姓名＿＿＿＿＿＿＿

7-1 根据轴测图画零件图。

(1) 已知支架轴测图，画出其零件图（用A3幅面的图纸，比例为1∶1）。

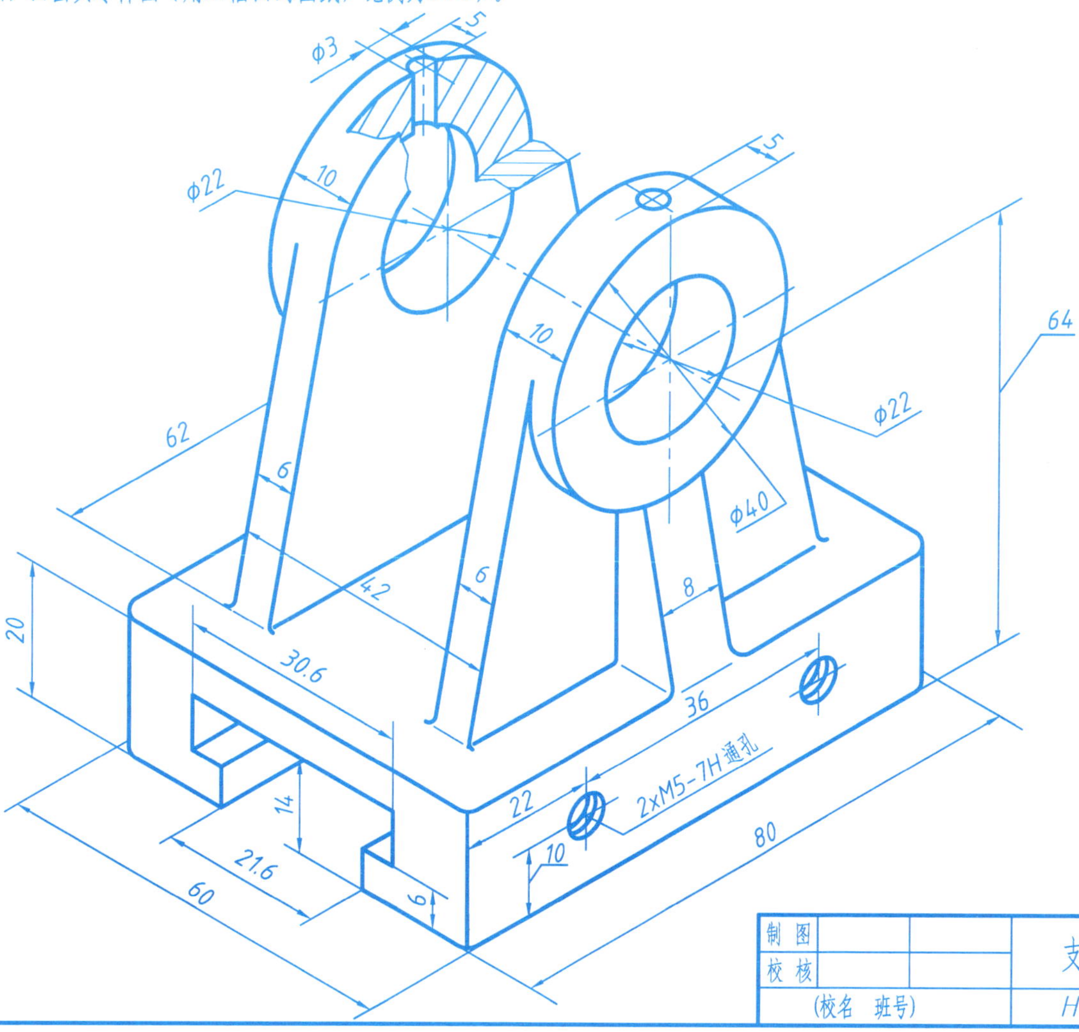

制 图			支 架	数 量	
校 核				比 例	
(校名 班号)			HT200	(图 号)	

(2)已知钳身轴测图，画出其零件图（用A3幅面的图纸，比例为1∶1）。

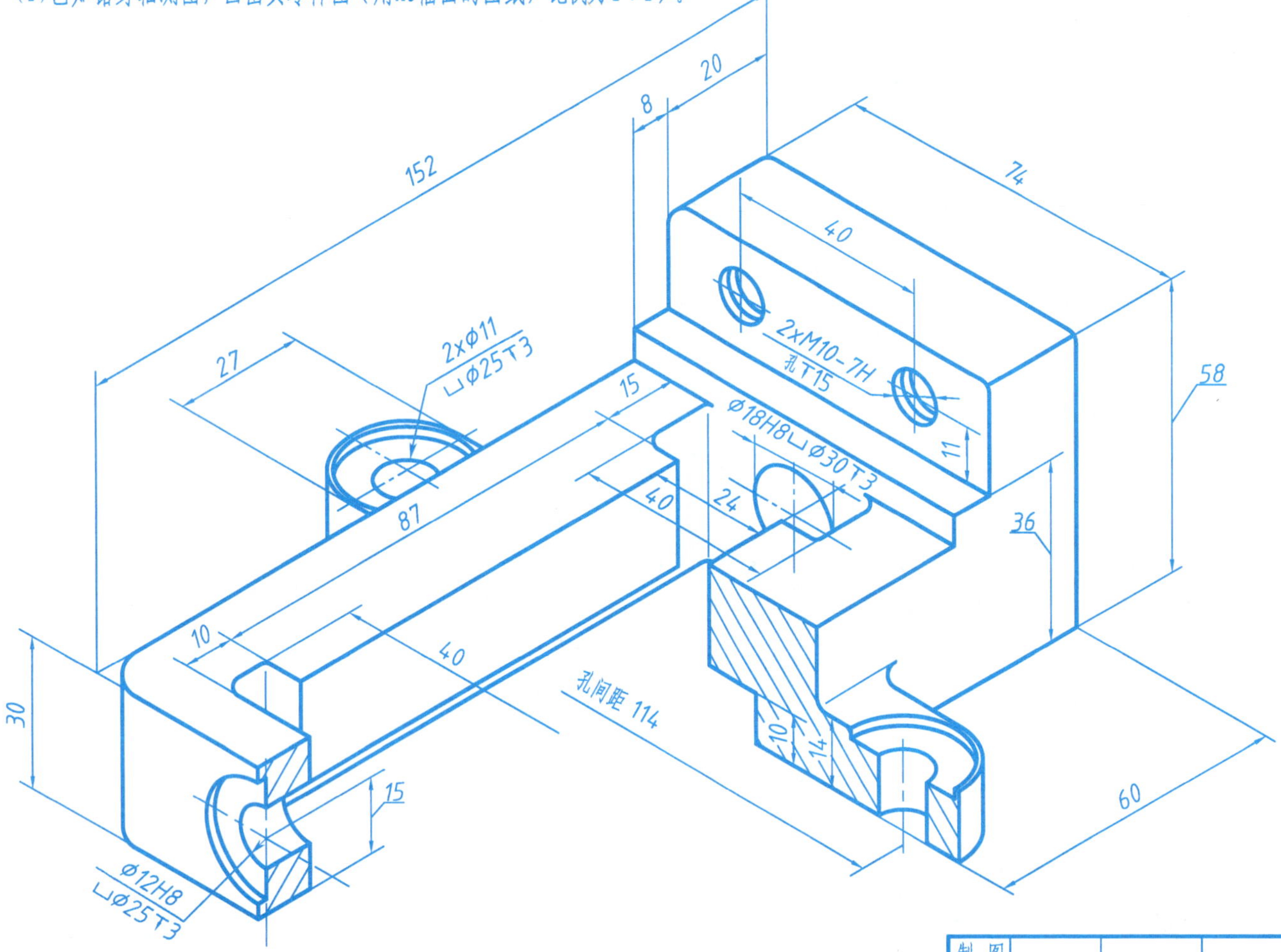

制图			钳　身	数量	
校核				比例	
(校名　班号)			HT200	(图　号)	

专业班级__________　姓名__________

7-2 表面粗糙度，极限与配合，几何公差。

(1) 找出图a中轴承套的表面粗糙度代号的错误标注，并在图b中注出正确的标注。

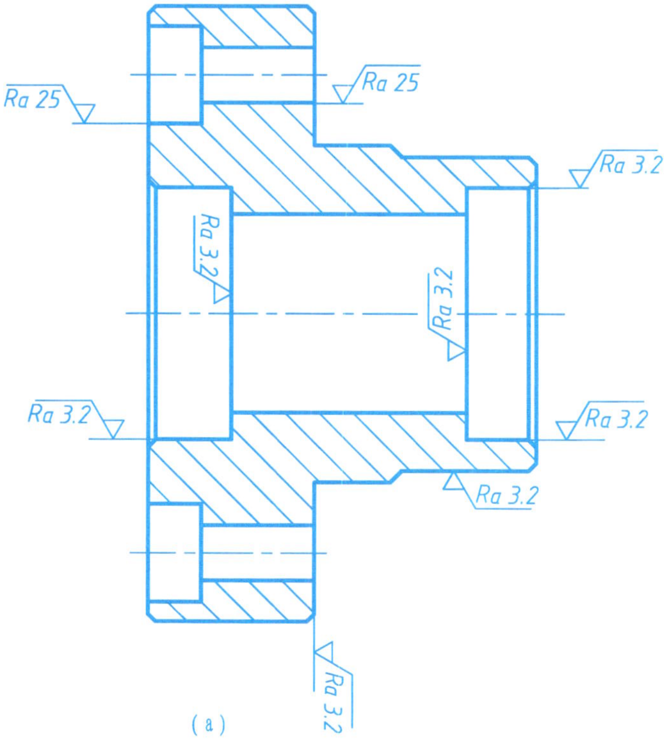

(a)

Ra 12.5 (√)

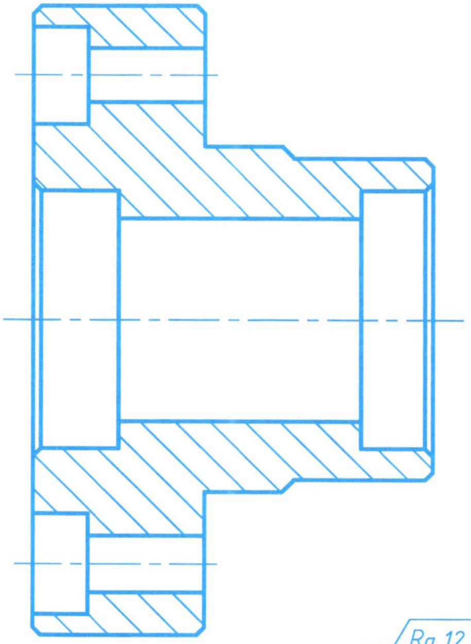

(b)

Ra 12.5 (√)

7-2(续)

(2) 根据固定式导套装配图中标注的配合代号，分别在相应的零件图上注出公差带代号，并在指定位置说明配合代号的含义。

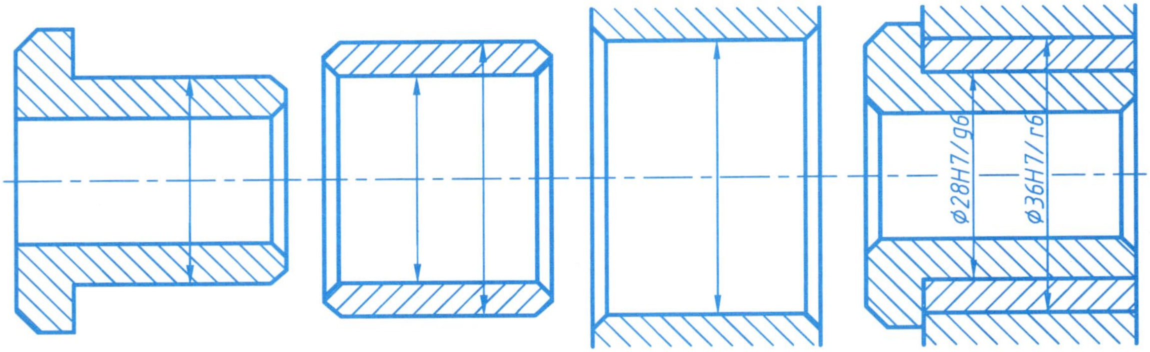

ϕ28H7/g6 是______制______配合；　　ϕ36H7/r6是______制______配合 。

(3) 根据装配图中标注的配合代号，分别在相应的零件图上注出其极限偏差，并在指定位置说明配合代号的含义。

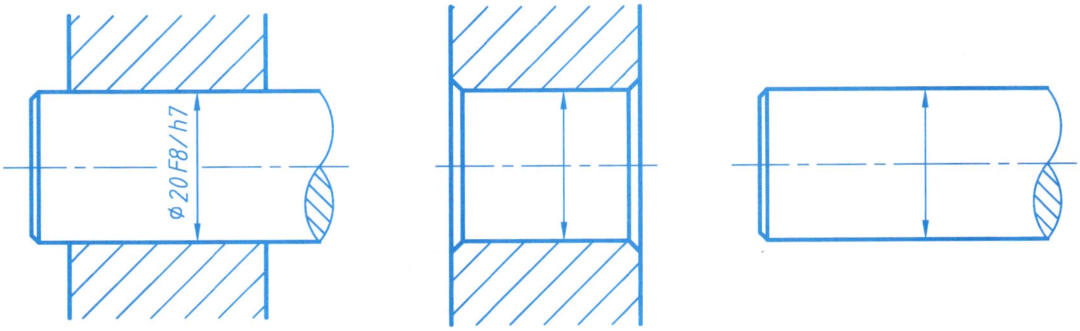

ϕ20F8/h7是______制______配合。

7-2(续)

(4) 读懂端盖零件图后，在指定位置填空。

a) 该零件表面粗糙度要求最高的代号是________，要求最低的代号是________，图中标注的符号 ∀ 表示用____________________的方法获得的表面粗糙度。

b) ⊥ 0.06 A 的含义：表示被测要素是__________，基准要素是______________，几何特征为__________，公差值为__________。

c) 3×M6↧13表示____个______孔，大径为______，螺孔深为______。

d) Ø15H7是基______制的孔，公差等级为______级，其上极限偏差为__________，其下极限偏差为________。

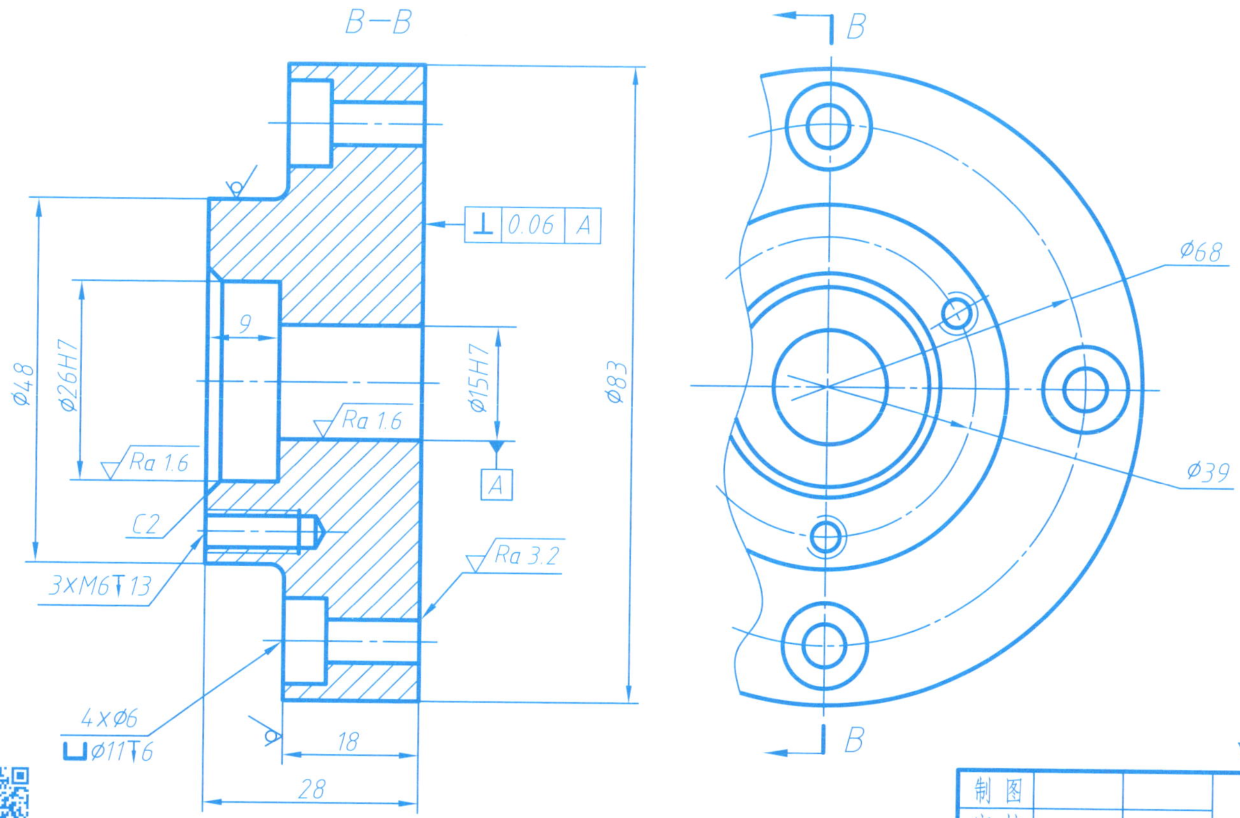

技 术 要 求

1. 铸件不得有砂眼、裂纹等缺陷。
2. 未注圆角为 R2~R3。
3. 锐边倒角为 C0.5。

√Ra 6.3 (√)

制 图			端 盖	数量	
审 核				比例	1:1
(校名 班号)			HT200	图号	JDLXYD05

7-3 读零件图。

(1) 读懂传动轴零件图后，在指定位置画出*B—B*断面图并标注螺孔尺寸M8-7H，键槽深 t_1=2.5，按 $d-t_1$ 标注。

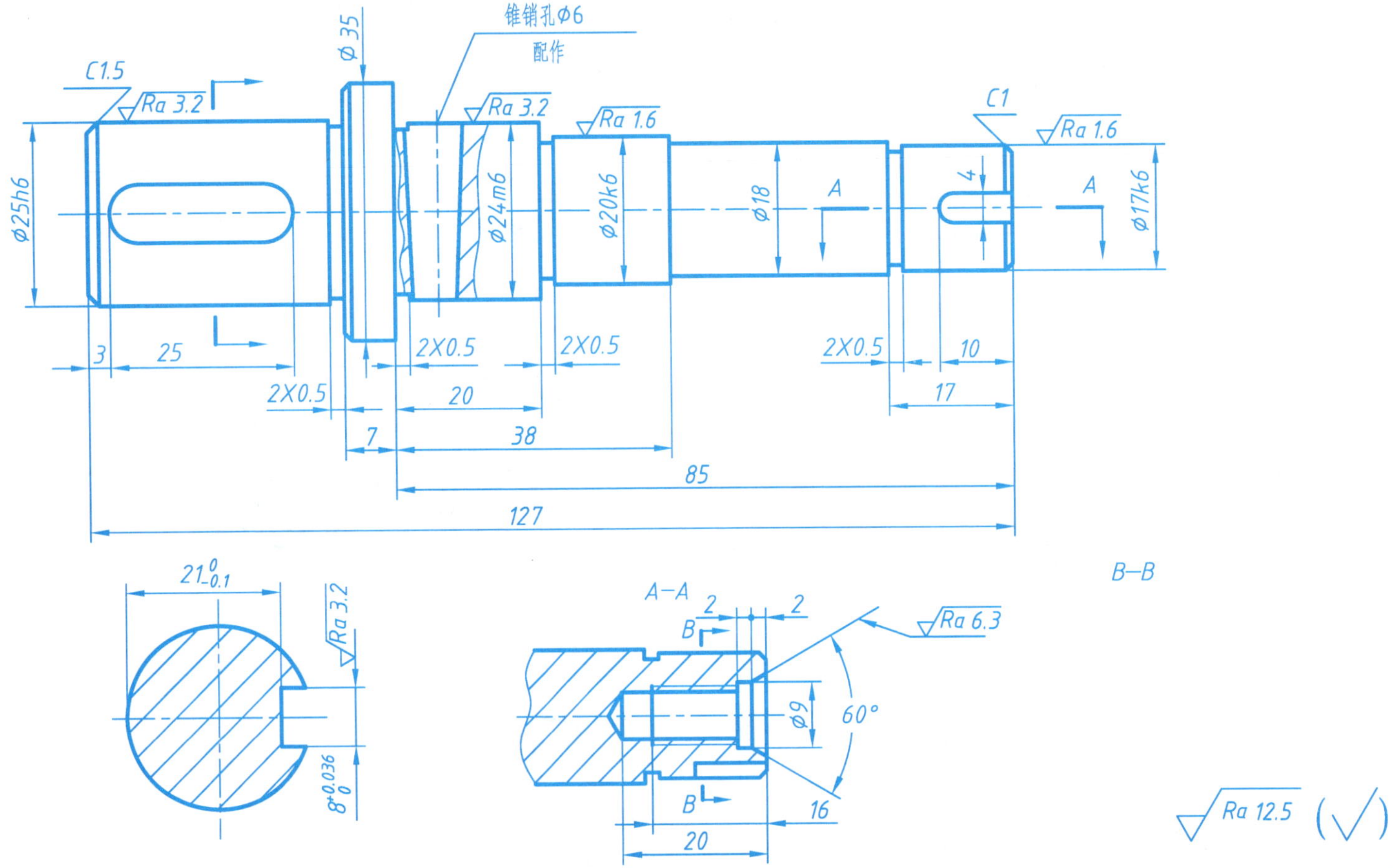

制 图			传 动 轴	数量	1
审 核				比例	1∶1
(校名	学号)		45	(图号)	

专业班级__________ 姓名__________

(2) 读懂阀盖零件图后，画出该零件的俯视图。

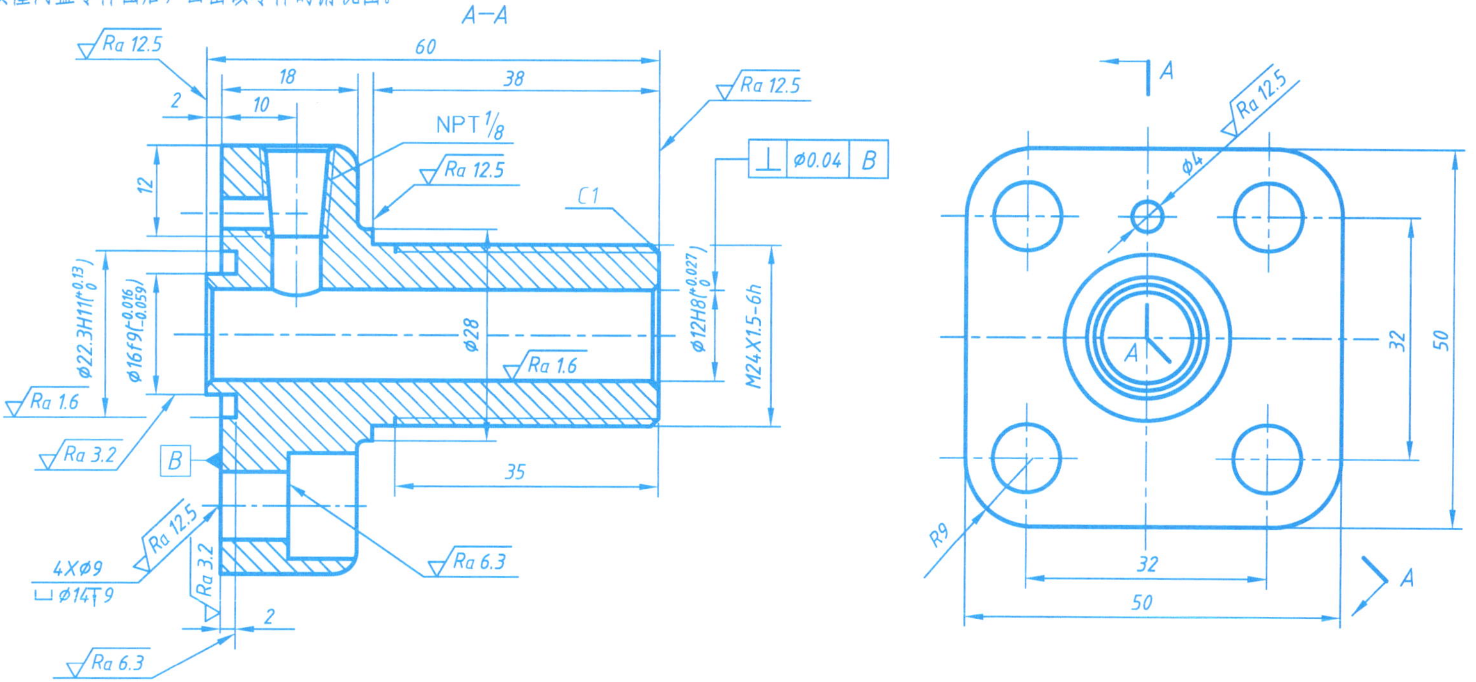

技 术 要 求

1. 铸件不得有砂眼、缩孔及裂纹等缺陷。
2. 未注铸造圆角为R2~R3，未注倒角为C0.5。
3. 人工时效处理。

$\sqrt{}$ ($\sqrt{}$)

制图			阀　盖	数量	1
审核				比例	1:1
(校名　学号)			HT200	(图号)	

7-3(续)

(3)读懂活动钳口零件图，在指定位置画出A—A半剖视图。

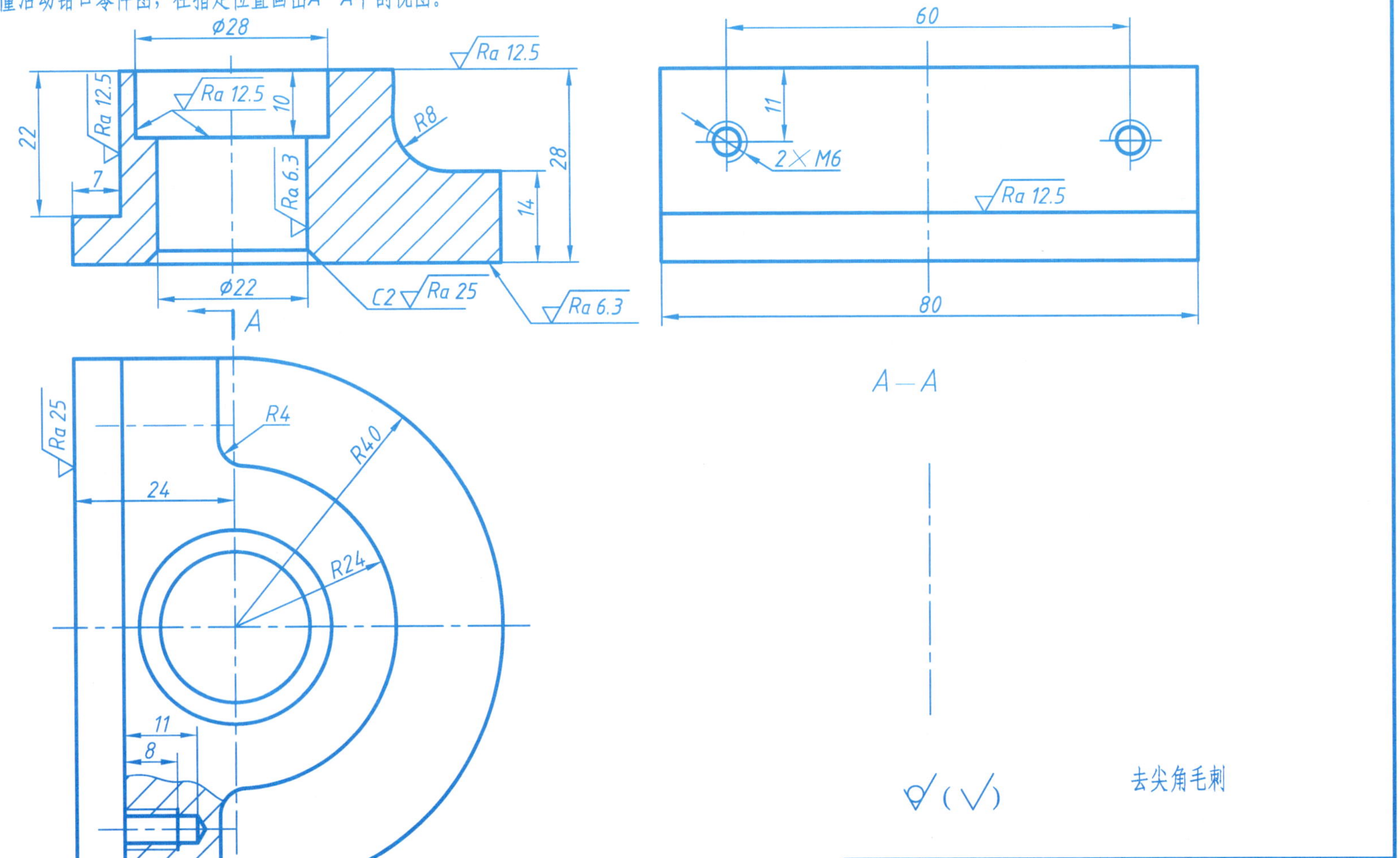

制图			活动钳口	数量	1
审核				比例	1:1
			HT150	(图号)	

专业班级________ 姓名________

*(4) 读懂阀体零件图，在指定位置画出左视图（只画外形图），并说明 ø12H7 的含义：________________。

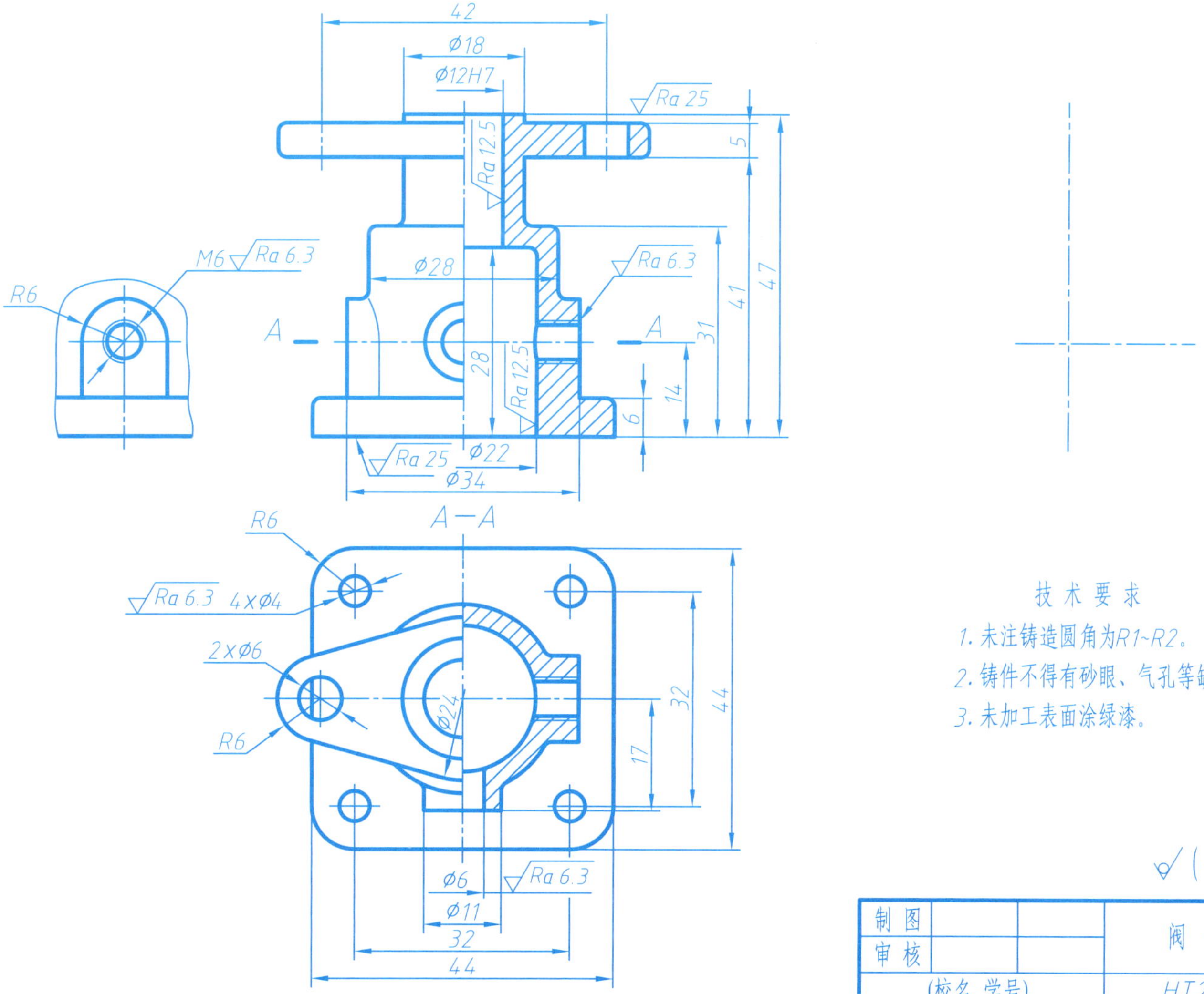

技术要求

1. 未注铸造圆角为R1~R2。
2. 铸件不得有砂眼、气孔等缺陷。
3. 未加工表面涂绿漆。

$\checkmark$ ($\surd$)

制图			阀 体	数量	
审核				比例	1:1
(校名 学号)			HT200	(图号)	

专业班级________ 姓名________

(5) 读懂顶尖座零件图，在图中用指引线标明长、宽、高三个方向的主要尺寸基准，自备图纸补画外形主视图和仰视图（或用计算机绘图）。

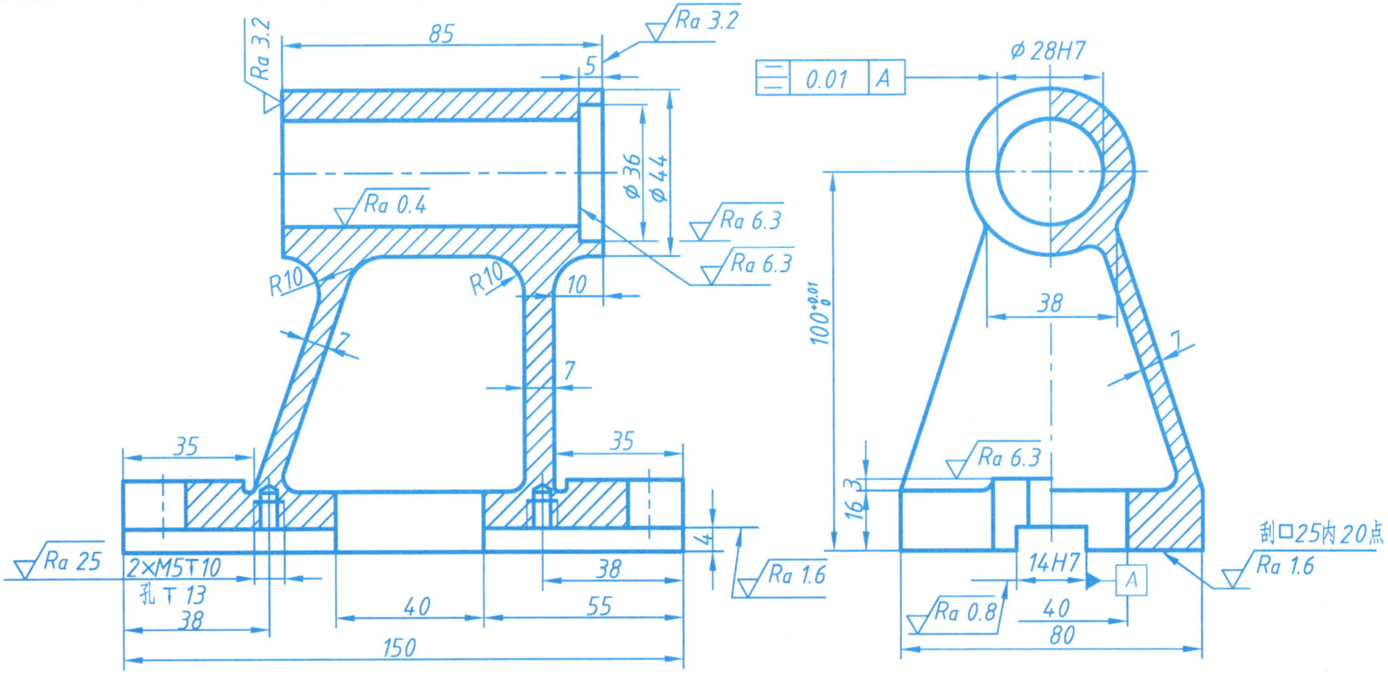

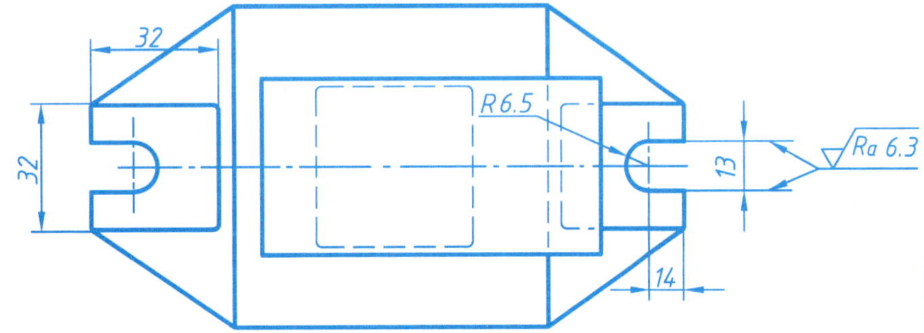

技 术 要 求

1. 未注圆角为R1~R3。
2. 技术要求按《检验夹具零件及部件技术条件》。

制 图			顶 尖 座	数量	
审 核				比例	1∶2
			HT200	(图号)	

专业班级＿＿＿＿＿＿ 姓名＿＿＿＿＿＿

7-3(续)

(6) 读懂阀体零件图，自备图纸补画阀体主视外形图、$A-A$阶梯剖视图和B向视图。

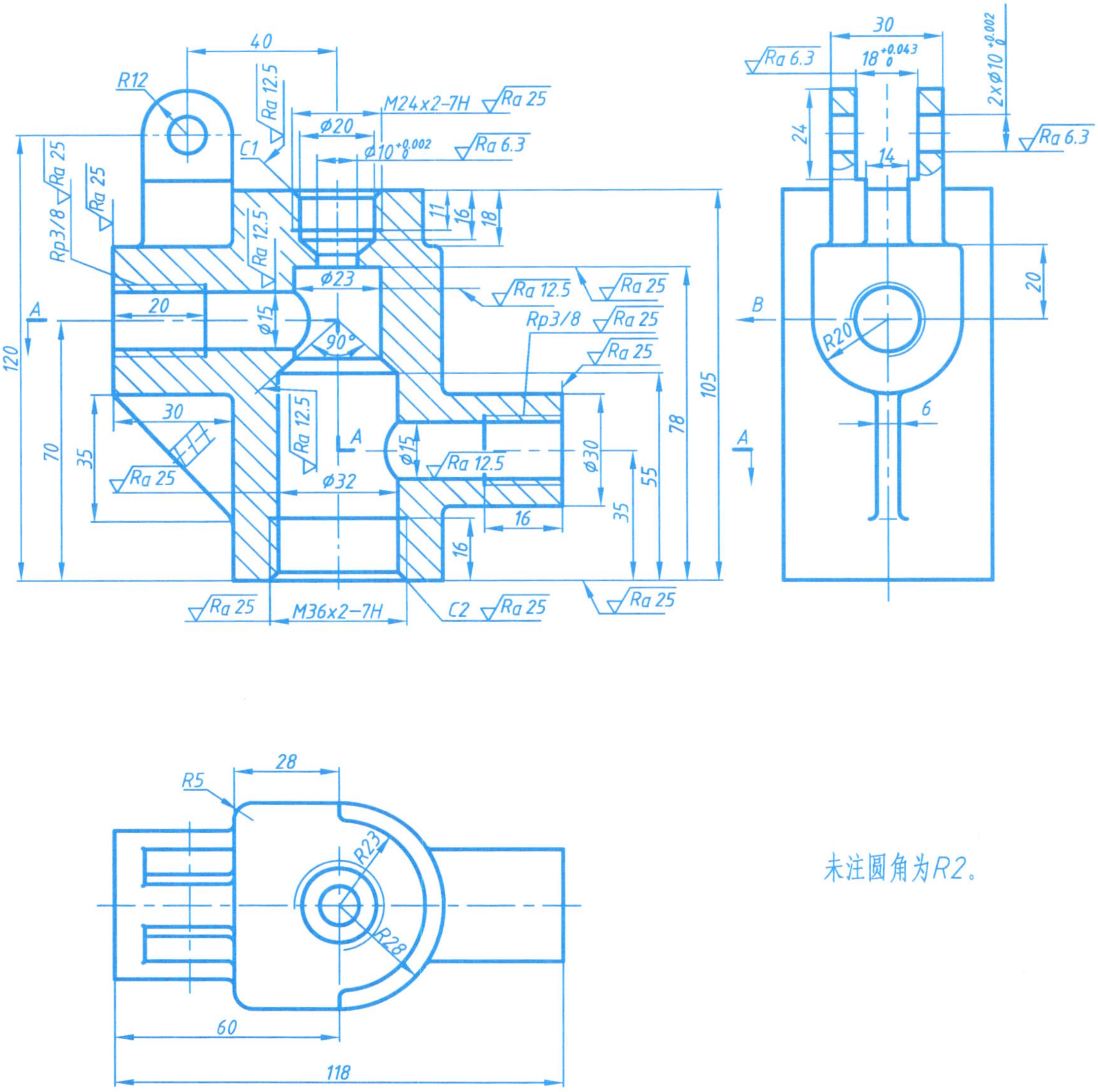

未注圆角为$R2$。

$\sqrt{}$ ($\sqrt{}$)

制图			阀体	数量	
审核				比例	1:2
(校名 学号)			HT200	(图号)	

7-4

*(1)抄画接触器联锁的三相异步电动机正反转控制原理图。

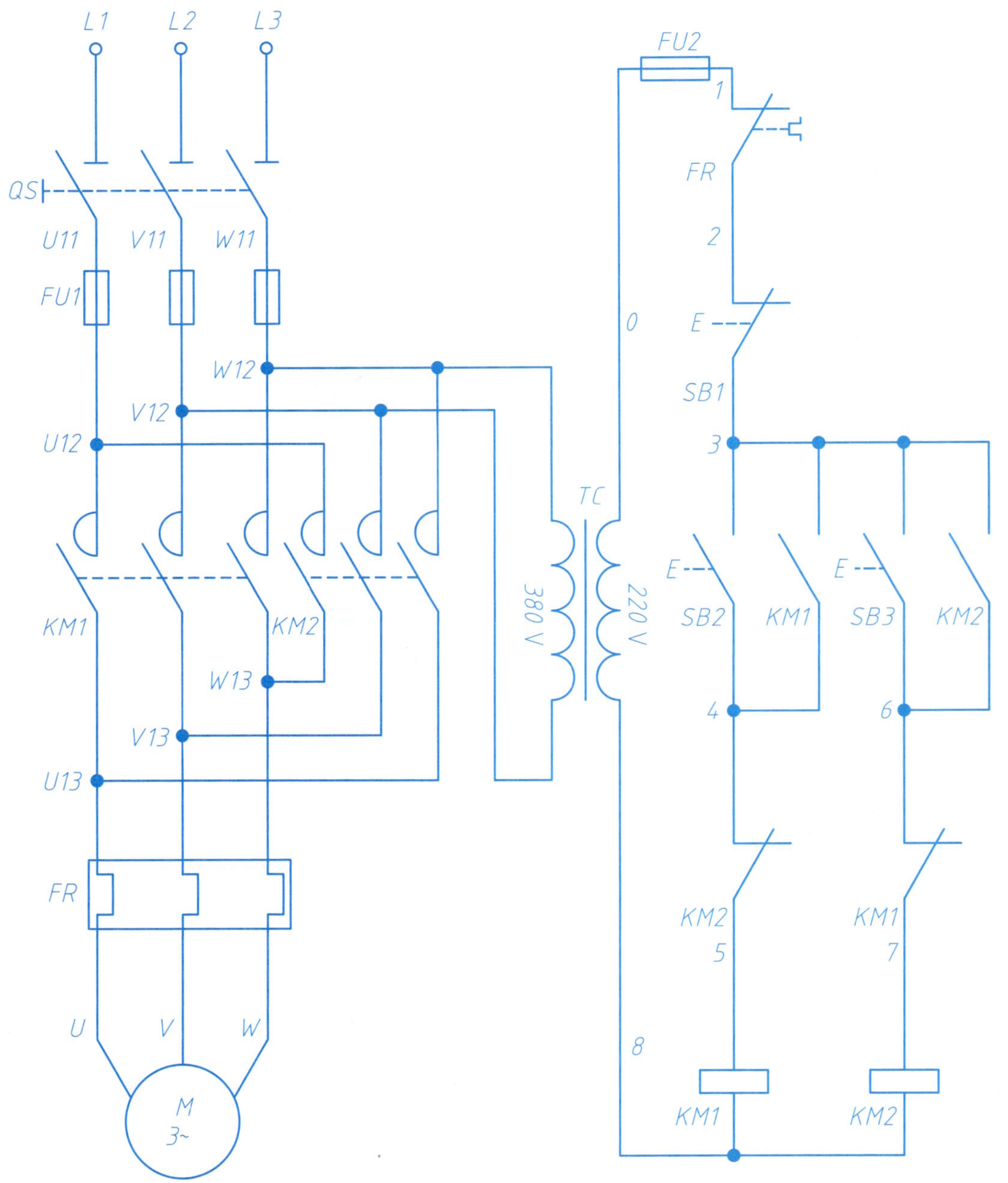

专业班级________ 姓名________

7-4(续)

(7-5、7-6见书后插页。)

*(2)抄画三相异步电动机星形/三角形起动自动控制原理图。

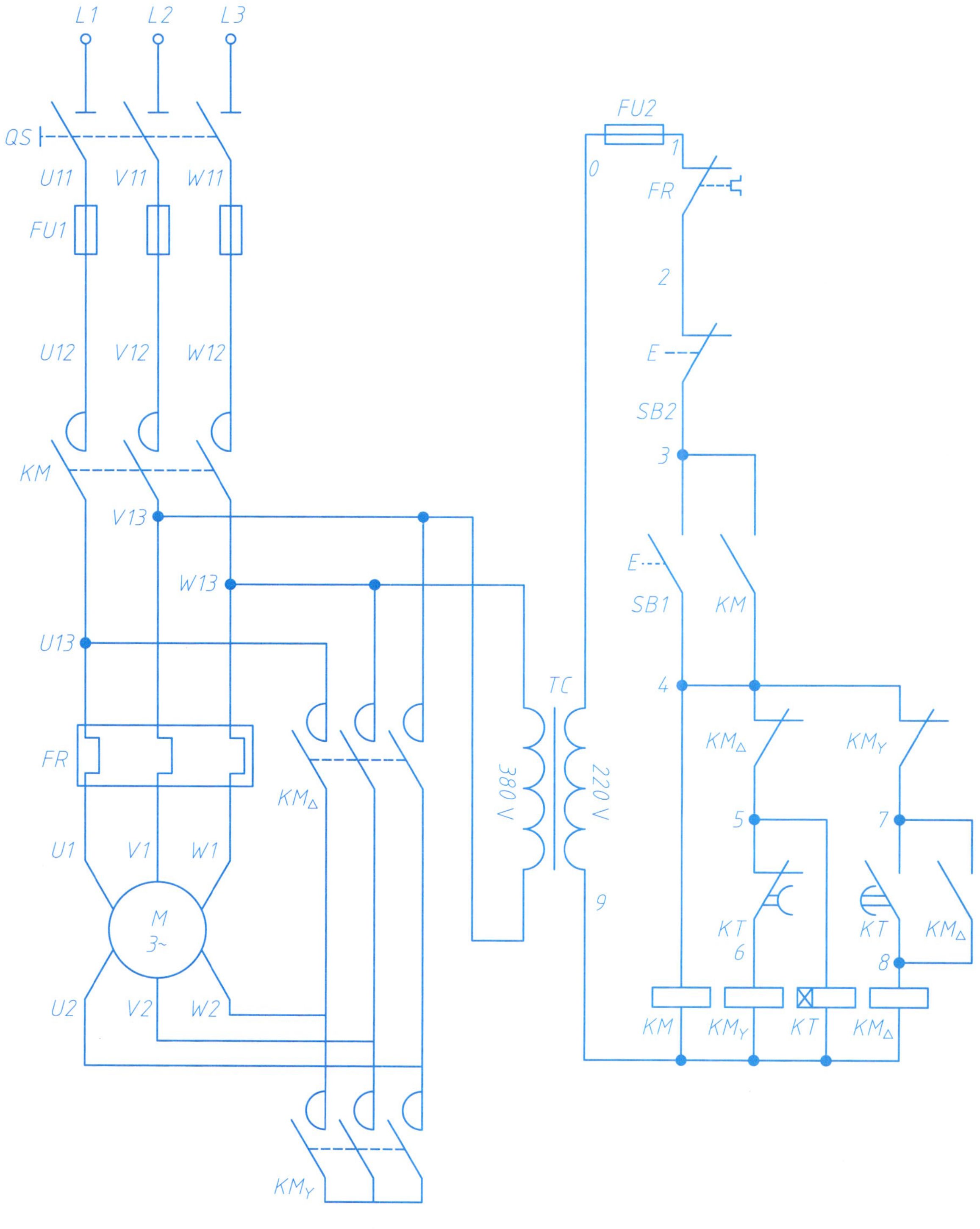

自学检查题

1. 判断题（正确的在括号内打"√"，错误的打"×"）。

（1）图线宽度d分为粗实线和细实线两种。（　　）
（2）圆弧连接的关键在于求圆心和切点，（　　）或者只求圆心。（　　）
（3）工程设计中广泛采用正投影法、（　　）或者中心投影法。（　　）
（4）组合体的组合形式通常分为叠加（堆积）和挖切两类。（　　）
（5）组合体相邻表面间的关系分共面（对齐）、相切、相交三种。（　　）
（6）平面截断曲面立体时，其截交线一般为平面曲线。（　　）
（7）两曲面立体相交，其交线必定是封闭的空间曲线。（　　）
（8）在组合体的定形尺寸和定位尺寸已标注完整的情况下，必须注意在加注一个总体尺寸的同时减去一个同方向的定形尺寸。（　　）
（9）采用旋转剖时，在起、讫两端画出的箭头既表示投射方向，又表示旋转方向。（　　）
（10）普通螺纹的公称直径是指内、外螺纹的大径；（　　）管螺纹的公称直径是指该螺纹所在管子的公称通径。（　　）
（11）螺纹标记M24-4H5H-LH，表示大径为24 mm的粗牙普通内螺纹、左旋、中径公差带代号4H、顶径公差带代号5H、中等旋合长度。（　　）
（12）零件图上一般不允许将尺寸注成封闭形式。（　　）
（13）零件表面粗糙度要求越高，表示表面粗糙度高度参数值越大。（　　）
（14）基孔制中的孔为基准孔，用基本偏差代号H表示，其上极限偏差值为零。（　　）
（15）装配图的表达要求和零件图一样，主要是表达它的结构形状。（　　）

2. 填空题

（1）图样的比例无论是放大或缩小，图样的尺寸数值应该按零件的______标注。
（2）平面图形画图步骤是按给出的尺寸先画_____线段，再画_____，最后画_____线段。
（3）标注角度尺寸数值时，应按_____方向书写。
（4）正投影的基本特性是_____性、_____性和_____性。
（5）三视图之间的投影规律是主、俯视图_____，主、左视图_____，俯、左视图_____。
（6）平面与圆柱相交获得的截交线可能是_____、_____和_____。
（7）平面与圆锥相交获得的截交线可能是_____、_____、_____、_____和_____。
（8）两曲面立体相交，其相贯线在一般情况下是_____线，在特殊情况下可能是_____。
（9）组合体读图的基本方法是_____、_____和_____。
（10）确定基本几何形体大小的尺寸称____________，确定各几何形体间相对位置的尺寸称_____。
（11）半剖视图适用于________________，其剖视图与外形图的分界线为_____线。
（12）在局部剖视图中，视图与剖视图的分界线为_____线。
（13）螺纹的五个基本要素为_____、_____、_____、_____和_____。
（14）一对啮合的标准直齿圆柱齿轮，在通过轴线的剖视图上，轮齿啮合部分，两齿轮的节线（分度线）重合，用_____线画出，齿根线均画成_____线；齿顶线中，一个齿轮的齿顶线画_____线，另一个齿轮的齿顶线画_____线，或者省略不画。
（15）一张完整的零件图应包括的基本内容有_____、_____、_____和_____。
（16）一张完整的装配图应具备的内容有_____、_____、_____、_____、_____。
（17）装配图上相邻两零件的表面接触时应画成_____。
（18）装配图上一般应标注的几类尺寸是____。
（19）装配图中，对于接触的两零件，在同一方向上只有_____对平面接触。
（20）剖切后的装配图，相邻两个零件的剖面线的方向应_____或__________________________。

专业班级____________　　姓名____________

郑重声明

新形态教材网使用说明

1. 计算机访问 https://abooks.hep.com.cn/64808 进入新形态教材网。

2. 注册并登录后,计算机端进入"个人中心",点击"绑定防伪码",输入图书封底防伪码(20位密码,刮开涂层可见),完成课程绑定。

3. 在"个人中心"→"我的学习"或"我的图书"中选择本书,开始学习。

如有使用问题,请直接在页面点击答疑图标进行咨询。